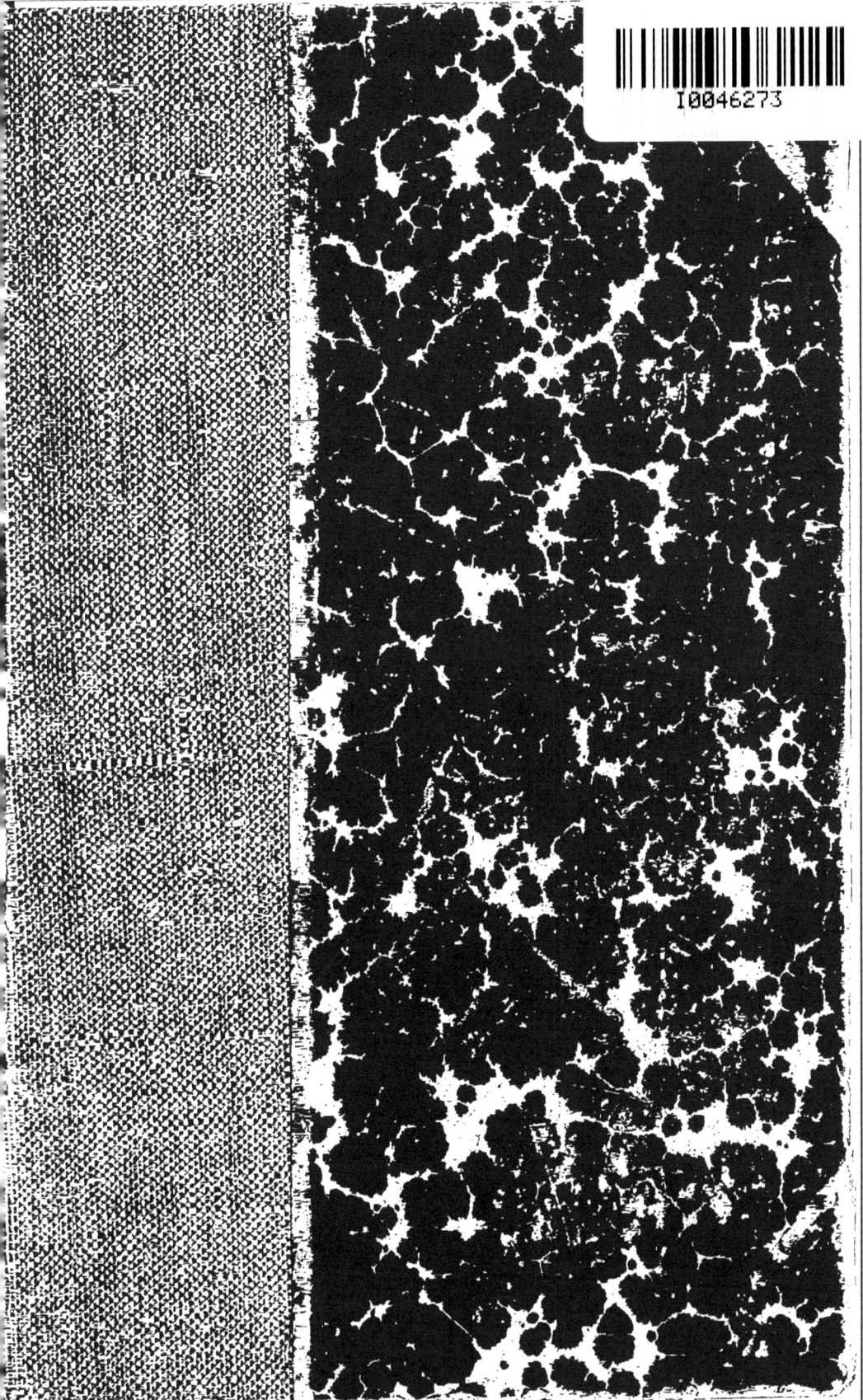

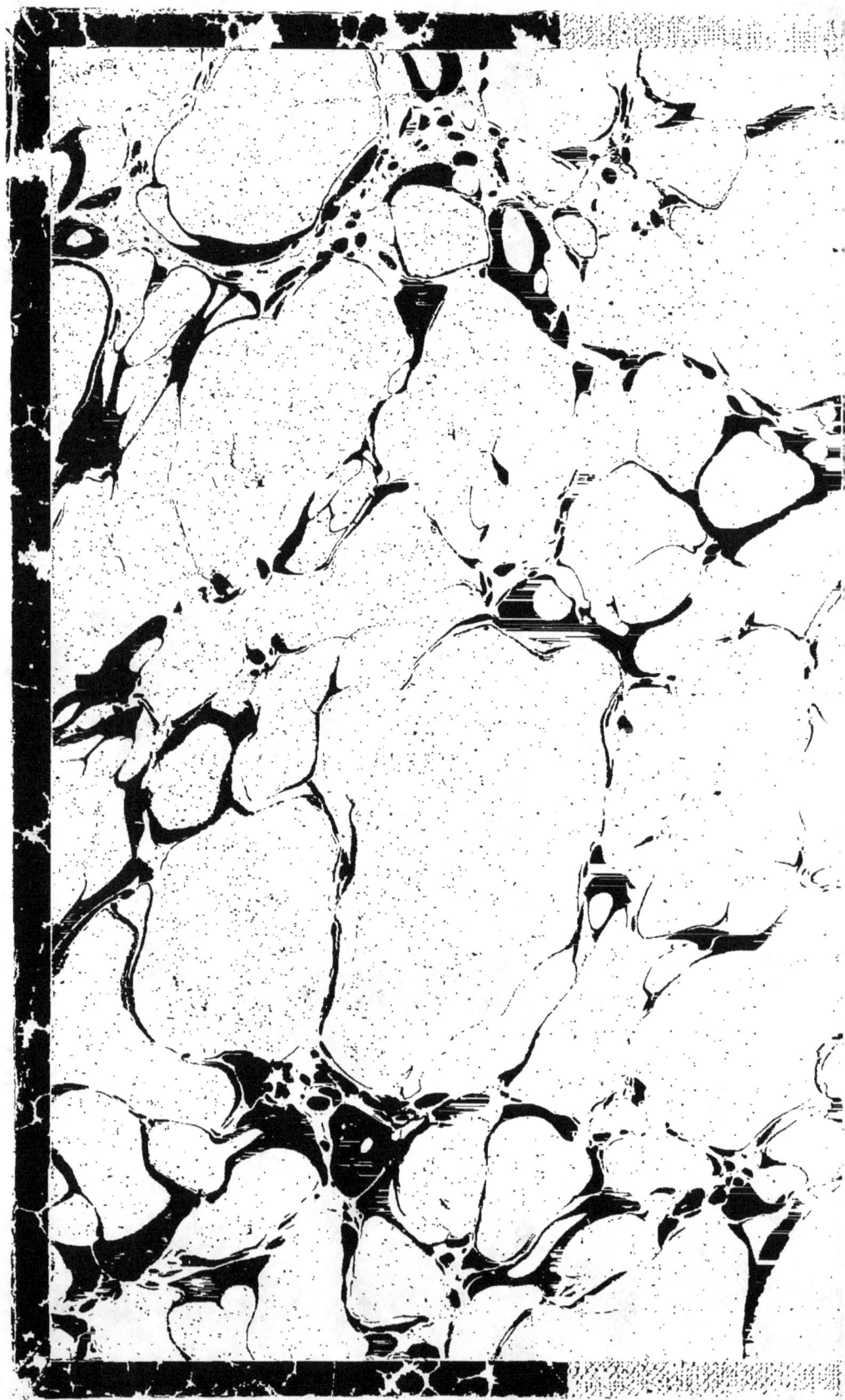

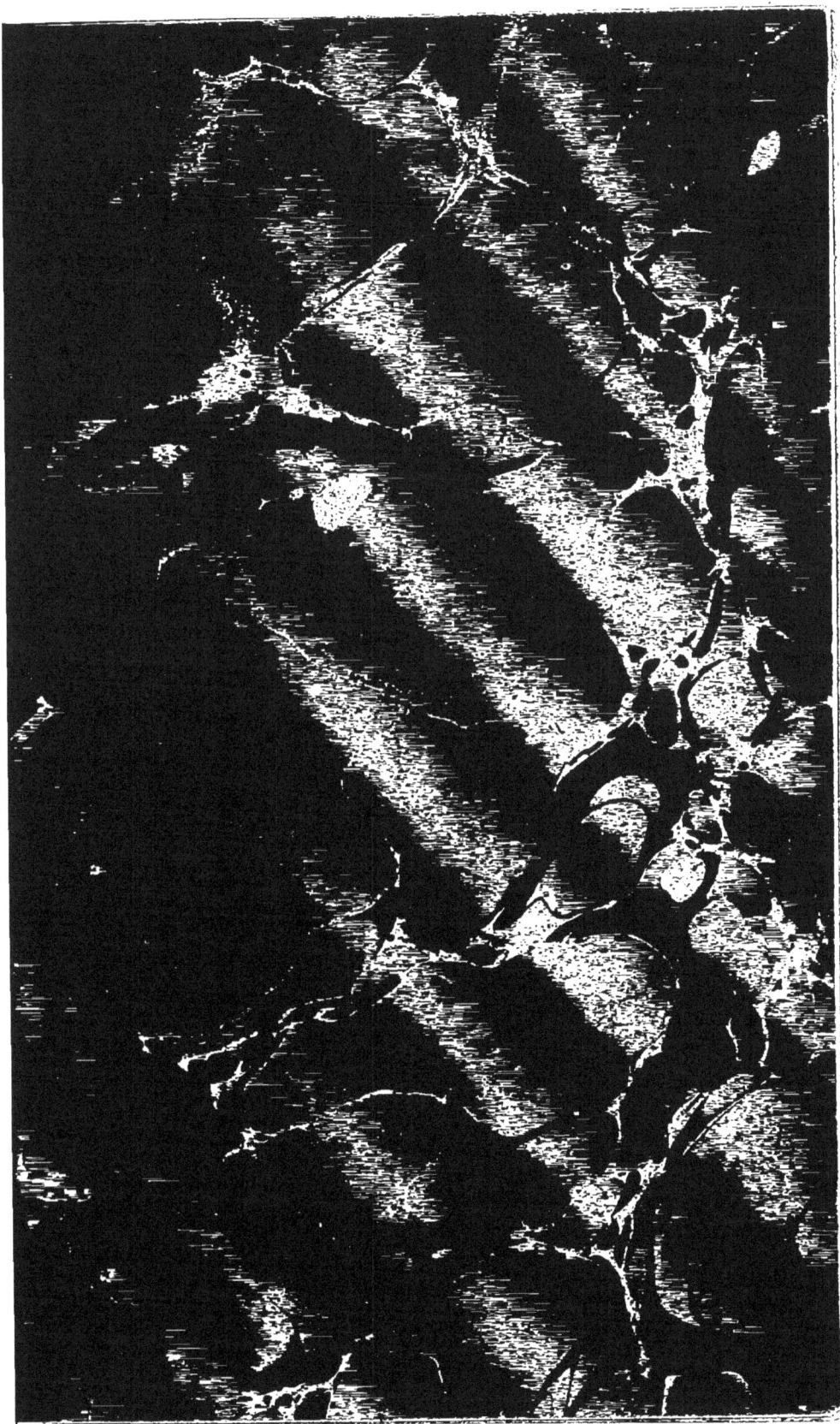

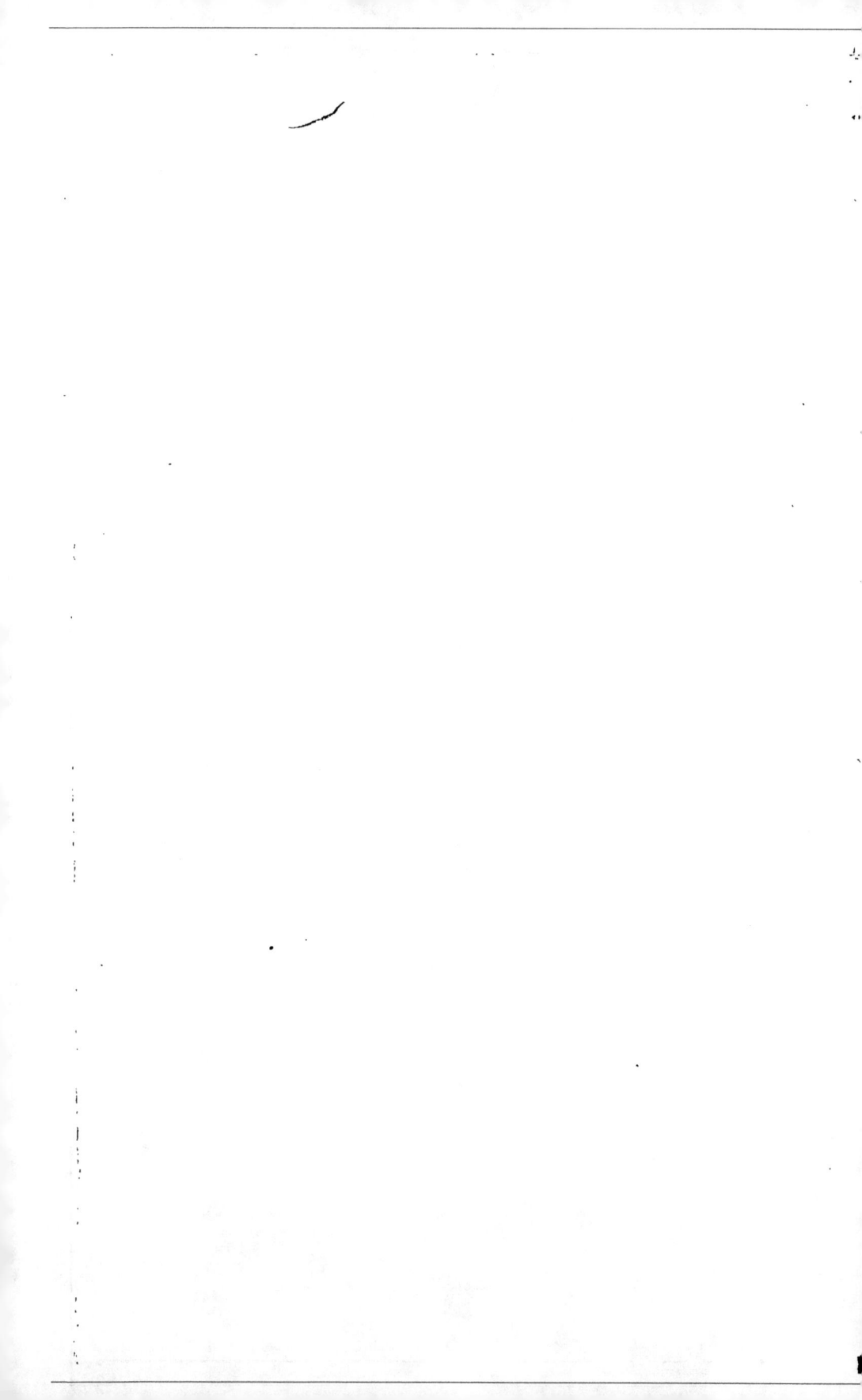

ROBERT PINOT

LE COMITÉ

DES

ORGES DE FRANCE

AU SERVICE DE LA NATION

(Août 1914 — Novembre 1918)

LIBRAIRIE ARMAND COLIN

103, Boulevard Saint-Michel, PARIS

LE COMITÉ

DES

FORGES DE FRANCE

AU SERVICE DE LA NATION

ROBERT PINOT

LE COMITÉ

DES

FORGES DE FRANCE

AU SERVICE DE LA NATION

(Août 1914 — Novembre 1918.)

LIBRAIRIE ARMAND COLIN

103, Boulevard Saint-Michel, PARIS

—

1919

INTRODUCTION

—

Pendant les quatre années qu'a duré la guerre, le Comité des Forges de France s'est mis au service de la Nation.

Son organisation, son personnel, se sont entièrement et uniquement consacrés à la Défense Nationale.

Son œuvre demeurera inséparable de l'immense effort et du grand travail d'adaptation et d'improvisation par lesquels l'industrie française a pu donner à nos soldats et à ceux de nos alliés l'instrument de la Victoire.

On ne saurait honnêtement parler de l'augmentation de la production du métal, du développement quasi prodigieux de la fabrication des munitions, du matériel d'artillerie et des fusils, sans citer le nom du Comité des Forges.

Toutes les fois que, par une action personnelle ou concertée, le rendement de nos industries de guerre pouvait être augmenté, le Comité des Forges n'a pas hésité à en prendre l'initiative.

Toutes les fois que le Ministre de la Guerre, puis celui de l'Armement ont fait appel à son concours et lui ont demandé de remplir des missions, le Comité des Forges a répondu à leur appel, s'est chargé des mandats les plus lourds et des tâches les plus délicates.

Ainsi, pendant plus de trois ans, il a géré, pour le compte de l'État, des Services d'approvisionnement qui ont déterminé un mouvement de fonds de près de 800 millions. Il a rendu possible à l'étranger des opérations qui devaient assurer à l'État les sommes dont il avait besoin. Il a fait contribuer ses adhérents aux ouvertures de crédits commerciaux qui ont été réalisés en Suisse et aux États-Unis, et qui se sont élevés à plus de 500 millions.

Pendant ces quatre années de guerre, en étroite collaboration avec le Ministère de l'Armement, le Comité des Forges a tenu ses portes grandes ouvertes à tous les industriels, grands et petits, qui, travaillant pour la Défense Nationale, avaient recours à son aide, à ses services, sans jamais leur demander s'ils comptaient parmi ses adhérents.

Et cela, le Comité des Forges l'a fait parce que tel était son devoir; il n'a jamais songé à en retirer le moindre mérite; que valent d'ailleurs les mérites de ceux de l'arrière, à côté du sacrifice de ceux qui ont donné leur vie pour sauver la Patrie?

Mais, ce que le Comité des Forges fut appelé à faire, il l'a fait avec tout le cœur, tout le zèle, toute l'intelligence dont ses dirigeants et ses collaborateurs étaient capables. La seule condition à laquelle il avait, dès le premier jour, subordonné son concours, c'était qu'il n'en retirerait aucun bénéfice. Le seul honneur qu'il ait revendiqué, c'est le privilège de servir à titre bénévole, sans recevoir aucune rémunération.

Entre ce qu'il a pu faire et ce qu'il aurait voulu faire, pour servir la France autant qu'il le souhaitait, le Comité des Forges ne se dissimule pas que la distance est grande. S'il ne lui a pas été donné de la franchir, il le déplore. Mais les circonstances ne lui furent pas plus favorables qu'aux autres. On était en guerre ! Et il ne dépendait ni du dévouement, ni de l'intelligence de ceux qui auraient voulu, surtout en ces temps tragiques, atteindre au mieux, que des obstacles, sans cesse renaissants, ne se missent à la traverse de leurs efforts.

Au reste, quelle que fût l'œuvre du Comité des Forges, le moment n'était pas encore venu de la juger, pas plus que d'apprécier, à sa juste valeur, la part que l'industrie française a prise dans la victoire.

Nous nous réservions pour des jours plus

lointains, comme une obligation de la charge qu'il nous a été donné de remplir pendant cette guerre, de retracer cette œuvre et d'essayer de dégager cette part.

Certains parlementaires désirant rapprocher le moment où, le temps ayant fait son œuvre, l'impartialité peut se mettre au service de l'Histoire, la Chambre des Députés a estimé qu'il convenait de ne pas attendre l'expiration de ses pouvoirs pour examiner « le rôle et la situation de la Métallurgie ».

Elle a nommé à cet effet une Commission de 44 membres ; et, puisqu'après tant de généraux qui, à propos du bassin de Briey, sont venus discuter le plan de bataille, le Comité des Forges doit être entendu, il nous a semblé qu'il ne devait pas réserver aux seuls membres de cette Commission l'exposé du rôle qu'il lui a été donné de remplir pendant qu'il était au service de la nation.

Le Comité a estimé qu'il devait cet exposé au pays, aussi bien qu'au Parlement tout entier ; ils sont naturellement l'un et l'autre dans l'ignorance de bien des choses, qu'il est cependant nécessaire de connaître, si l'on veut apprécier, en toute équité, l'œuvre du Comité des Forges pendant la guerre.

Les seuls renseignements qui, ces temps derniers, aient pu parvenir jusqu'à eux, leur ont été apportés mêlés dans les bruits d'une polémique à laquelle le Comité n'a jamais voulu se prêter; aussi trouvera-t-on naturel que, conservant la même attitude, nous disions aujourd'hui tout ce qui nécessaire pour être complet, clair et précis, mais cela seulement.

Nous exposerons tout d'abord ce qu'est le Comité des Forges.

Puis nous montrerons quelle est cette industrie métallurgique que le Comité des Forges a l'honneur de représenter.

Nous rappellerons dans quelle situation elle se trouvait à la veille de la guerre, et les magnifiques efforts qu'elle avait faits dans les années qui précédèrent, pour être à la hauteur de sa mission.

Les premières batailles survenues et leur issue malheureuse ayant entraîné l'occupation de nos plus riches régions du Nord et de l'Est, nous décrirons ce que la métallurgie française fit pour se remettre de cette terrible amputation, et pour gagner, avec ce qui lui restait, avec ce qu'elle put créer et sut organiser, la bataille industrielle, qui seule pouvait permettre à nos vaillantes armées de gagner la bataille militaire.

Telles sont les questions que nous nous proposons d'examiner successivement. Nous le ferons de la manière la plus objective, en n'invoquant que des faits, en ne nous appuyant que sur des chiffres et sur des documents officiels.

Nous nous placerons d'ailleurs au seul point

de vue du rôle que le Comité des Forges a rempli dans cette grande œuvre, réservant pour demain la présentation de l'effort collectif fait par l'industrie française, sous la direction du Ministère de l'Armement, et la détermination de la part que tous ses collaborateurs, chefs, ingénieurs, ouvriers et ouvrières, ont eue dans la Victoire de la France.

Mai 1919.

LE COMITÉ DES FORGES

CHAPITRE PREMIER

Ce qu'est le Comité des Forges.

Nous ne croyons ni exagérer ni même forcer
le rôle du Comité des Forges dans l'ensemble
des organisations économiques de la France,
en disant qu'un des faits qui montrent le mieux
combien le Parlement et avec lui le Pays sont
peu au courant de la vie industrielle nationale,
est précisément l'ignorance profonde où ils se
trouvent de l'objet et du rôle du Comité.

On sait au Parlement et dans le public que le
Comité des Forges est un groupement patro-
nal qui représente la Métallurgie, un groupement assez bien organisé. Mais c'est tout ce
que l'on sait.

Est-ce une société constituée suivant la loi
de 1867, ayant capacité commerciale?

Est-ce une association d'après la loi de 1901?

Est-ce un syndicat professionnel établi conformément à la loi de 1884?

R. PINOT. — Comité des Forges.   1

Certains le représentent comme un organisme s'occupant de tout, faisant des opérations commerciales roulant sur des centaines de millions, pouvant tout, ayant une politique à lui, des moyens d'action illimités, ayant partout des créatures à lui; étant, en un mot, un État dans l'État.

On ne peut affirmer que ceux qui défigurent ainsi l'objet et le rôle du Comité des Forges le font par simple ignorance.

Comme toujours, la vérité est beaucoup plus simple.

Le Comité des Forges est un syndicat professionnel, constitué d'après la loi de 1884, ayant, par conséquent, son objet précisé et son champ d'action limité par cette loi.

A dire vrai, c'est peut-être un des syndicats professionnels qui ont le mieux saisi tout ce que la loi de 1884 comprenait dans son esprit et dans sa lettre, tout ce qu'elle permettait de faire pour le service des intérêts généraux de l'industrie; mais c'est purement et simplement un syndicat de la loi de 1884 et qui n'a jamais dépassé ses attributions professionnelles.

On confond volontiers, et souvent à dessein, le Comité des Forges et « la rue de Madrid ».

Il y a « rue de Madrid » un grand immeuble appartenant à la Caisse syndicale contre les accidents, où logent un certain nombre de Syndicats professionnels, deux Unions de Syndicats et plusieurs Sociétés d'assurances[1].

De tous ces Syndicats, on peut le dire sans fausse modestie, parce que c'est un fait connu

1. Parmi les Syndicats professionnels qui ont leur siège social rue de Madrid, nous citerons, en plus du Comité des Forges de France, les Syndicats suivants :

Chambre Syndicale des Fabricants et des Constructeurs de Matériel pour Chemins de fer et Tramways.

Chambre Syndicale des Constructeurs de Navires et de Machines marines.

Chambre Syndicale des Fabricants et Constructeurs de Matériel de guerre.

Chambre Syndicale des Forces Hydrauliques, de l'Électrométallurgie, de l'Électrochimie et des Industries qui s'y rattachent.

Chambre Syndicale des Mines de fer de France.

Chambre Syndicale des Entrepreneurs de Constructions Métalliques de France.

Syndicat des Constructeurs et Négociants en Instruments d'Optique et de Précision.

Chambre Syndicale du Commerce et de la Fabrication de la Quincaillerie.

Chambre Syndicale du Gros Matériel Électrique.

Chambre Syndicale des Fabricants de Boîtes, Emballages et Tableaux métalliques.

Deux Unions de Syndicats y ont aussi leur siège social :

L'Union des Industries Métallurgiques et Minières, de la Construction Mécanique, Électrique et Métallique et des Industries qui s'y rattachent, qui comprend 56 Chambres Syndicales dont les précédentes.

Et l'Union des Syndicats de l'Électricité, qui comprend 8 Chambres Syndicales.

A côté de ces Groupements syndicaux, on rencontre, dans le même immeuble, un certain nombre de Sociétés, dont les services sont réservés à ceux des adhérents des Chambres Syndicales précédentes, qui désirent les utiliser. C'est ainsi que se trouvent rue de Madrid les Caisses suivantes :

Caisse Syndicale d'Assurance Mutuelle des For es de France contre les accidents du travail.

Caisse Syndicale de Retraites des Forges, de la Cons-

de tout le monde, le Comité des Forges est non seulement le plus ancien, mais encore l'un des plus importants; il ne le fut pas toujours.

*
* *

Le Comité des Forges fut fondé il y a aujourd'hui 55 ans, sous forme d'association; on était alors sous le second Empire et la loi des Syndicats professionnels n'existait pas. Dès qu'elle fut votée, les Maîtres de Forges se mirent sous le régime de cette loi.

Le Comité des Forges rendit des services importants à ses adhérents et connut une ère de prospérité assez grande sous la présidence de M. le baron Reille (1890 à 1898), qui fut un des membres les plus écoutés de la Chambre des Députés. Puis ce Comité tomba peu à peu dans une espèce de léthargie, si bien qu'un certain nombre de ses adhérents estimèrent que leurs intérêts se trouvaient plus ou moins négligés, et formèrent, en dehors de lui, des Chambres Syndicales pour suivre de plus près certaines questions spéciales qui, d'ailleurs, ne relevaient pas immédiatement du Comité des Forges. C'est ainsi que furent fondées :

truction Mécanique, des Industries Électriques et de celles qui s'y rattachent.

Caisse Foncière de Crédit pour l'amélioration du logement dans l'Industrie.

Caisse Industrielle d'Assurance Maritime et de Transports.

En 1899, la Chambre Syndicale des Fabricants et des Constructeurs de Matériel pour Chemins de fer et Tramways.

En 1899, la Chambre Syndicale des Constructeurs de Navires et de Machines marines.

En 1903, la Chambre Syndicale des Fabricants et Constructeurs de Matériel de Guerre.

L'Union des Industries métallurgiques et minières se constitua en 1900, et groupa, avec les Chambres Syndicales que nous venons d'énumérer, le Comité des Houillères, le Comité des Forges et un certain nombre de Chambres Syndicales. Parmi ces dernières se trouvait le Syndicat des Mécaniciens, Chaudronniers et Fondeurs de France, avec qui, dès l'origine, les nouveaux Groupements syndicaux entretinrent les meilleurs rapports.

En 1903, lors de son accession à la Présidence du Comité, M. le baron de Nervo estima qu'une tentative de rapprochement devait être faite entre le Comité des Forges et les Chambres Syndicales du Matériel de Chemins de fer, de la Construction Navale et du Matériel de Guerre, qui étaient déjà groupées ensemble. Il demanda à M. Duval, Président de l'Union et de la Chambre Syndicale du Matériel de Chemins de fer, si ces différents Syndicats et le Comité des Forges ne pourraient pas se réunir dans un même local, et si, tout en conservant leur complète autonomie, ayant chacun leur objet social distinct, leur Conseil d'administration, leur budget complètement séparés, ils ne pourraient bénéficier d'une organisation commune.

Lors du rapprochement de ces Groupements, on choisit pour organiser et diriger les Services communs le Secrétaire Général des trois Chambres Syndicales de Construction Mécanique, qui devint en même temps Secrétaire Général du Comité des Forges. Ce seul fait suffirait à montrer qu'il n'y eut jamais entre la Métallurgie et la Construction Mécanique de dissentiments bien profonds ; si, dans certaines circonstances, il se manifesta entre elles des oppositions d'intérêts, les intéressés eux-mêmes surent toujours trouver un terrain d'entente et de conciliation.

A quelque temps de là, la Chambre Syndicale des Forces Hydrauliques, qui, jusqu'alors avait eu son siège à Grenoble, vint s'installer à Paris et demanda à bénéficier de l'organisation que le Comité des Forges et les grandes Chambres Syndicales de la Construction Mécanique avaient créée en commun ; sa demande fut accueillie parce que cette nouvelle industrie, étendant une de ses branches sur l'électrométallurgie, devait se trouver bientôt en rapport avec les industries métallurgiques.

* *

En même temps, l'Union se développait peu à peu. Aux dix Chambres Syndicales qui la composaient au début, vinrent se joindre toutes les autres Chambres Syndicales de la Construction Mécanique, les Chambres Syndicales des Mines de Fer, des Mines Métalliques et tous les Groupements Métallurgiques Syndicaux de province. A l'heure actuelle, l'Union comprend 56 Chambres Syndicales et présente une des associations les plus fortes au point de vue de la représentation des intérêts professionnels. Un seul Syndicat relevant de sa spécialité lui manque, c'est celui des Mécaniciens, Chaudronniers et Fondeurs de France, qui a cru devoir, au commencement de la guerre, suivre son Président dans sa retraite.

*
* *

Il ressort donc, de ce qui vient d'être dit, que le Comité des Forges est un Syndicat professionnel ayant un objet précis, des fonctions déterminées, s'occupant pour le compte de ses adhérents de toutes les questions qui relèvent de leurs intérêts corporatifs : développement de l'industrie sur le marché intérieur et sur le marché de l'exportation, conventions commerciales, questions d'ordre technique, cahiers des charges, questions sociales et questions ouvrières, etc..., etc..., l'étude de ces dernières questions se poursuivant en accord avec les autres Chambres Syndicales faisant partie de l'Union.

Le Comité des Forges ne s'occupe pas et

n'a pas à s'occuper de questions commerciales, il n'en a pas la capacité légale; et quand bien même la loi viendrait la lui donner, comme ses adhérents, qui comprennent les producteurs et les transformateurs de métal, peuvent avoir, à ce point de vue, des intérêts différents, il ne saurait traiter et décider de ces questions avec quelque chance de succès.

Une seule exception a été faite à cette règle pendant la guerre à l'occasion des missions que le Ministère de l'Armement a confiées au Comité des Forges; nous verrons comment le Comité a pu remplir et a rempli ces missions, lorsque nous aborderons le chapitre qui leur est consacré.

Ce qui prête quelquefois à la confusion et amène certaines personnes, qui se contentent de vagues renseignements, à attribuer au Comité des Forges un rôle commercial, c'est que l'on confond le Comité des Forges avec les différents Comptoirs fondés et administrés par des Métallurgistes, et qui gravitent autour du Comité.

* *
*

Ces Comptoirs qui complètent l'organisation de la Métallurgie, tout le monde les connaît au moins de nom. Avant la guerre, c'étaient le Comptoir de Longwy, pour la vente des fontes de la région de l'Est, le Comptoir des aciers Thomas, le Comptoir des Poutrelles et le Comptoir d'Exportation des Produits Métallurgiques.

Aujourd'hui, le Comptoir de Longwy subsiste toujours, mais son activité est, hélas, singulièrement réduite; les autres Comptoirs sont en voie de transformation pour mieux s'adapter aux conditions nouvelles de l'industrie et aux besoins de la clientèle. Déjà le Comptoir Sidérurgique de France, qui a pour objet la vente des produits lourds, et le Comptoir des Tôles et Larges-Plats sont formés, et celui des Fers Marchands est en voie de formation.

Que sont ces Comptoirs; sous quel régime sont-ils fondés; quel est leur objet; à quelles nécessités répondent-ils, tant de la part des producteurs que de la clientèle?

Ces Comptoirs, constitués sous forme de Sociétés anonymes, d'après la loi de 1867, ont la capacité commerciale; leur objet social est la vente à la clientèle, pour le compte des Usines qui en font partie comme sociétaires, de tel ou tel produit déterminé. C'est ainsi que le Comptoir de Longwy vend les fontes en provenance des Usines de Meurthe-et-Moselle adhérentes au Comptoir, le Comptoir des Poutrelles vend les poutrelles en provenance des usines associées, etc. [1]

1. En cela les Comptoirs se distinguent très nettement des Marchands de fer et n'ont pas le même rôle commercial : tandis qu'ils ne vendent pour le compte de toutes

Quelles sont les Usines, ou plus exactement les Sociétés qui font partie de chacun de ces Comptoirs? Ce sont les Usines qui fabriquent le produit que vend le Comptoir, et elles en font partie si elles le veulent, c'est-à-dire si elles y trouvent un intérêt. Personne ne peut contraindre une Société à entrer dans un Comptoir, et ceux qui suivent de près les affaires savent que la situation de dissident paraît présenter quelquefois des avantages assez tentants.

D'ailleurs, il ne faut pas l'oublier, l'industrie est libre; et comme personne ne peut être forcé de fabriquer ou de ne pas fabriquer un produit, d'adhérer ou de ne pas adhérer à un Comptoir, on comprend aisément que si un Comptoir était tenté d'abuser de sa situation et d'élever ses prix au delà du raisonnable, le remède naîtrait immédiatement à côté du mal. Telle usine qui ne fabriquait pas le produit en question, se mettrait immédiatement à cette fabrication, certaine qu'elle serait d'en tirer avantage et de pouvoir précisément, par les prix qu'elle consentirait, obtenir de la clientèle : Compagnies de Chemins de fer, Admi-

---

les usines sociétaires qu'un seul produit ou des produits rentrant dans la même catégorie, et cela par grandes quantités à la fois, les marchands de fer, au contraire, s'approvisionnent auprès des différents Comptoirs et des Usines pour les produits de toute nature, afin d'être à même de pouvoir livrer à leur clientèle tous les produits dont elle a besoin, quelles que soient leur nature ou leur forme.

nistrations, Marchands de fer, des commandes très intéressantes et d'assez longue durée.

Tout le monde connaît l'utilité de ces Comptoirs. Pour les Usines, le Comptoir crée l'unification des types, et contribue ainsi à faire baisser sensiblement les prix de revient, la même Usine pouvant fabriquer le même produit en plus grande quantité.

Pour les clients, le Comptoir présente l'avantage inestimable de tendre à la stabilisation des prix, dans le sens de la baisse, par la suppression des frais inutiles, spécialement en réduisant les frais de transport, en faisant servir chaque client par l'usine la plus rapprochée.

Pour les ouvriers, les Comptoirs ont eu un effet inappréciable, par le rôle de régulateur qu'ils ont dans l'industrie ; ils ont largement contribué à faire disparaître les crises de chômage, ces grandes crises qui, avant leur création, désolaient périodiquement nos industries.

Certains détracteurs de la Métallurgie et de ses organisations commerciales ont présenté quelquefois ces Comptoirs comme des organisations tendant à assurer aux producteurs le maximum de bénéfices et tendant, par conséquent, à réduire la production au minimum, pour assurer la permanence de ces bénéfices.

C'est là une des erreurs les plus complètes dans lesquelles on soit tombé ; pour qui connaît ces Comptoirs et a vécu leur vie, la réalité est tout autre.

Les statuts des Comptoirs prévoient pour ceux-ci une durée maximum de trois ans, renouvelable, il est vrai; mais tous les trois ans, les Usines sociétaires ont le droit de revoir les quantums qui ont été attribués à chacune d'elles. Pendant ces trois années, le Directeur commercial du Comptoir doit vendre pour le compte des Usines associées les quantums qui ont été attribués à chacune d'elles. Si, par suite d'une activité extraordinaire du marché, la clientèle demande des quantités supérieures à la somme totale des quantums, le Directeur presse les Usines de forcer leur production; si les quantités demandées par la clientèle sont inférieures à cette somme totale, le Directeur doit faire subir à chaque Usine une réduction proportionnelle de façon à ne léser aucun des associés.

Mais si le Comptoir n'est engagé vis-à-vis des Usines que pour les quantités et dans les conditions que nous venons de dire, les Usines, elles, sont libres pendant la durée du Comptoir d'augmenter leurs moyens de production, et elles n'ont garde d'y manquer, afin de pouvoir, au prochain renouvellement du Comptoir, exiger un quantum plus élevé.

Aussi, pendant cette période de trois ans, quelle est la grande, on peut dire la seule préoccupation du Directeur du Comptoir? C'est de faire le nécessaire pour augmenter la capacité d'absorption du marché, pour augmenter la puissance de consommation de la clientèle. Il sait parfaitement, par tous les travaux neufs qu'il voit exécuter, par les nouvelles Usines qu'il voit s'élever — en fin d'année 1914, la production de l'acier allait s'augmenter de 1 000 000 de tonnes — que lors du prochain renouvellement du Comptoir, tel qui avait un quantum de 13 en exigera un de 17, ou sera dissident ; il sait, d'autre part, que, tandis que la clientèle absorbait 100, il va falloir lui faire absorber 120, et il agit en conséquence.

Aussi, pendant toute la période de fonctionnement normal du Comptoir, le Directeur agit sur le producteur pour modérer les prix ; il sait que ce n'est qu'en les stabilisant et en les abaissant toutes les fois que cela est possible, qu'il augmentera la puissance d'achat de sa clientèle. Il est curieux de voir, par exemple, comment, avant la guerre, la poutrelle en acier gagnait chaque année du terrain sur la zone que tenait encore la poutre en bois.

Il apparaît donc, à toute personne de bonne foi, que le Comptoir est un instrument commercial très simple, qui amène naturellement l'augmentation de la production et l'abaissement des prix.

Le Comptoir est la forme souple et élégante sous laquelle s'est manifesté, en France, et a été résolu, le problème de la concentration et de l'organisation industrielle.

Quand on le compare aux trusts américains,

où toutes les Sociétés similaires sont dominées, puis absorbées par l'une d'entre elles, et au cartel allemand qui, avec le système du dumping et du chèque en blanc, écrase les marchés extérieurs et ne laisse aucune liberté à ses adhérents, on est assez disposé à penser que, là encore, notre génie latin a su trouver la juste mesure et réaliser l'harmonie dans ses constructions[1].

Remarquons pour finir que tous les produits de la Métallurgie ne sont pas mis en comptoir; pour qu'un produit puisse être mis en comptoir, il faut qu'il soit de nature simple et que sa fabrication soit véritablement identique d'usine à usine, sans que la clientèle puisse légitimement marquer une préférence pour une provenance par rapport à une autre.

1. Ce serait commettre une grossière erreur que de confondre le Comptoir avec le Consortium, triste produit des nécessités que la guerre nous a imposées.

Le Consortium, tel que le Gouvernement l'a constitué pendant la guerre, a été un organisme — Société Commerciale puisqu'il devait traiter avec les tiers — constitué sous la tutelle de l'État, dans lequel ceux qui avaient besoin d'un produit n'étaient pas libres d'entrer ou de ne pas entrer. Le Consortium achetait pour le compte de ses Membres et leur livrait, avec plus ou moins de retard, sans que cela fût de sa faute, des produits se rapprochant plus ou moins, en quantité et en qualité, de ceux qu'on avait demandés. Aux causes de mécontentement provoquées par le déficit des produits et matières premières, les crises de transport et de change, il fallait ajouter l'incompétence fatale de l'État en matière commerciale. Mais c'était la guerre, et l'on ne voit pas bien ce qu'on aurait pu faire de mieux, sans exposer le Pays aux terribles conséquences que des spéculations effrénées auraient entraînées dans le régime de la pleine liberté.

A côté de ces Comptoirs, qui sont exclusivement des Comptoirs pour la vente à l'intérieur, il existait aussi des Comptoirs d'exportation.

Le Comptoir d'Exportation des Fontes de Meurthe-et-Moselle, dont le Siège social était à Longwy, avait été créé en 1905 et constitué sous forme de Société en nom collectif, au capital de 110 000 francs (11 adhérents).

Les adhérents du Comptoir pouvaient mettre à la disposition de celui-ci toutes les fontes produites par eux, en dehors de celles qu'ils destinaient à leurs Usines de transformation ou au Comptoir de Longwy; ces fontes pouvaient être, en tout ou partie, transportées à Anvers ou tout autre port étranger pour y être warrantées.

Le Comptoir avait exporté :

81 000	tonnes en	1910
63 000	—	1911
137 000	—	1912
et 81 000	—	1913

En 1904, avait été fondé le Comptoir d'Exportation des Produits Métallurgiques, constitué pour la vente à l'extérieur des rails, des poutrelles et des fers en U.

En six ans, le Comptoir d'Exportation était parvenu à quintupler le chiffre d'exportation française des rails et poutrelles, le faisant passer de 40 000 à 200 000 tonnes.

Il avait vendu :

$$152\,000 \text{ tonnes en } 1911$$
$$174\,000 \quad - \quad 1912$$
$$\text{et } \quad 220\,000 \quad - \quad 1913$$

Certains se sont demandé pourquoi notre métallurgie avait ainsi créé des Comptoirs d'Exportation au lieu de réserver la totalité de sa production pour la consommation intérieure, et lui ont reproché d'avoir, dans certaines circonstances, vendu moins cher à l'extérieur qu'à l'intérieur du territoire.

Si la Métallurgie française a créé des Comptoirs d'Exportation, elle l'a fait en vue de constituer des organismes régulateurs de la production. La consommation intérieure variait sensiblement d'une année à l'autre ; si donc on voulait maintenir la production pendant une période où la consommation diminuait, il fallait forcément expédier au dehors l'excédent de production. Sans cette précaution, on aurait été obligé d'arrêter un certain nombre d'appareils et de licencier des ouvriers.

Avec la possibilité de vendre à l'étranger l'excédent de leur production, les Usines pouvaient, au contraire, maintenir cette production à un niveau à peu près régulier, d'où, pour la main-d'œuvre, une garantie de sécurité.

Encore fallait-il pour que cette exportation fût possible, qu'elle fût régulièrement organisée et que les produits français fussent offerts sur les marchés étrangers à des prix de concurrence mondiale. C'est pourquoi les Usines qui n'exportaient que pour maintenir leur production à un taux sensiblement constant, acceptaient de faire un sacrifice au point de vue de leur prix de vente, et consentaient quelquefois à vendre à l'exportation à leur prix de revient.

En ce qui concerne les rails, cette préoccupation constante d'assurer un exutoire à notre production pour les années où la consommation française était faible, avait conduit le Comptoir d'Exportation des Produits Métallurgiques à participer à l'Entente Internationale, qui avait été créée en 1904 entre les Anglais, les Américains, les Allemands et les Belges. Les membres de l'Entente avaient été amenés à se répartir les différents marchés d'exportation pour mettre fin à une concurrence déraisonnable qui était nuisible à tout le monde.

L'intérêt des Français à faire partie de ce Comptoir était évident : ils maintenaient leurs usines en activité et faisaient connaître les produits français à l'extérieur. C'était là le seul avantage, car les prix de vente des rails étaient extrêmement bas et quelques-uns ont entraîné des pertes certaines pour les Usines productrices ; les plus favorables ont été à peine rémunérateurs.

La participation française était initialement très faible (moins de 5 pour 100); grâce à nos efforts, elle avait été élevée à 9 pour 100.

Tels sont, définis et précisés aussi exactement que possible, l'objet et le rôle des Comptoirs Métallurgiques. Ce sont des organisations commerciales fonctionnant à côté et en dehors du Comité, composées chacune d'un certain nombre de grandes Sociétés métallurgiques. Il a pu se rencontrer que telle personnalité appartenant au monde de la Métallurgie fût, en même temps, Président ou Administrateur de tel Comptoir, et Président ou Membre de la Commission de Direction du Comité des Forges ; mais en ce faisant, cette personnalité remplissait dans des Sociétés distinctes des fonctions distinctes.

Notons enfin que lorsque la Commission de Direction du Comité des Forges estime qu'au point de vue de l'intérêt général de la corporation, elle doit intervenir auprès d'un Comptoir, elle peut le faire, mais uniquement au nom de la seule autorité morale qu'elle a su acquérir, et non en vertu d'un droit qu'elle ne possède pas.

*\
* *

Au moment de la déclaration de guerre, le Comité des Forges était en pleine activité, en pleine vigueur, ses services étaient bien organisés. Il constituait, nous estimons pouvoir le dire sans fausse modestie, une des organisations syndicales qui faisaient honneur au Pays.

C'est précisément parce que le Comité des Forges présentait ce caractère, parce que, grâce à ses relations avec l'Union des Industries Métallurgiques et Minières et avec les autres Chambres Syndicales de la Métallurgie et de la Construction, il était le mieux renseigné sur les possibilités de l'industrie, que le Gouvernement crut devoir faire appel à son concours et lui demanda de mettre son organisation et ses moyens d'action au service de la Défense Nationale[1].

Lorsque le Gouvernement décida de se transporter à Bordeaux, le Comité des Forges se mit à la disposition du Gouvernement qui l'invita à se joindre à lui. Le Comité des Forges et la Chambre Syndicale du Matériel de Guerre créèrent alors, à Bordeaux, un Bureau dont leur Secrétaire Général prit la direction[2], tandis

---

1. Voir en appendice la lettre adressée par M. le Ministre de la Guerre au Secrétaire Général du Comité (Annexe n° I).

2. M. de Loisy, Directeur de la Société des Hauts-Fourneaux de Caen, se trouvant alors disponible, offrit gracieusement ses services au Comité des Forges; il suivit à Bordeaux le Secrétaire Général; tous ceux qui, alors, le virent à l'œuvre, savent les grands services qu'il rendit et la part considérable qui lui revient dans le lancement de la fabrication des 100 000 obus journaliers de 75, qui fut alors entreprise. Lorsque le Comité rentra à Paris avec le Gouvernement, M. de Loisy fut envoyé par le Ministère de la Guerre en Russie pour initier la mission française aux procédés rapides de fabrication et à l'organisation qui venaient d'être instaurés en France. Nous sommes heureux de pouvoir renouveler ici, à M. de Loisy, les remerciements que lui adressa la Commission de Direction pour sa précieuse collaboration.

que les autres services, réorganisés rapidement
après la mobilisation, continuèrent sous la
direction aussi intelligente que dévouée de
M. Maurice Lesur, Secrétaire Général Adjoint,
et avec l'active collaboration de M. Siméon,
à fonctionner à Paris.

*
* *

Cette présentation de l'objet et des fonctions
du Comité des Forges ne serait pas complète,
si nous ne précisions pas ici sa situation vis-
à-vis de ses adhérents, et les responsabilités
qu'il peut et doit assumer de leur fait.

Le Comité réunit comme adhérents tous
les Maîtres de Forges et les Sociétés qui, produisant le métal, possèdent et exploitent des
mines de fer, des hauts-fourneaux et des
aciéries; l'immense majorité des transformateurs : fondeurs de première fusion, forgerons
et estampeurs, etc., comptent aussi parmi ses
adhérents, dont le chiffre total s'élève à 238.

Le Comité, s'il a la responsabilité de la gestion des intérêts généraux de la corporation,
ne saurait assumer la responsabilité des actes
individuels de ses adhérents, et, en particulier,
celle de leurs actes commerciaux; ceux-ci ont
à ce sujet leur pleine et entière indépendance,
et n'admettraient pas un instant, avec raison,
qu'il y soit fait obstacle.

Le Comité est encore moins responsable des
actes des industriels qui ne sont pas ses adhé-

rents, et ce serait une singulière indiscrétion de sa part de prendre prétexte des services qu'il a pu leur rendre pendant la guerre, pour se mêler de leurs affaires.

Au cours de cette guerre, les portes du Comité et celles de la Chambre Syndicale du Matériel de Guerre ont été, nous l'avons dit, largement ouvertes à tous ceux qui avaient quelque renseignement, quelque service à demander, soit au point de vue technique, soit au point de vue des difficultés créées par la guerre dans les questions des approvisionnements, des transports, etc.

Le Comité croit avoir rendu service à tous ceux qui ont fait appel à son concours, et il a été très reconnaissant des sentiments de gratitude qui lui ont été exprimés. Mais si le Comité des Forges et la Chambre Syndicale du Matériel de Guerre ont tenu à ne recevoir, au cours de cette guerre, aucune adhésion nouvelle, c'est afin qu'il fût bien entendu que, là encore, ils servaient gratuitement et qu'aucune obligation ne devait résulter de ces services, aussi bien pour eux-mêmes que pour les personnes qu'ils s'appliquaient à aider, et qu'ils ne connaissaient que peu ou point.

Tout le monde, à l'heure actuelle, doit prendre ses responsabilités. Nous sommes convaincus que l'immense majorité des fournisseurs de la guerre ont travaillé avec intelligence, zèle et probité; si, parmi eux, il s'en est glissé quelques-

uns qui n'ont pas fait preuve de toute l'activité
désirable, qui, dans l'exécution de leurs marchés, se sont montrés négligents, ou qui, dans
la passation de ces marchés, ont manifesté des
exigences entraînant des bénéfices disproportionnés avec les charges qu'il était légitime
de demander au Pays, le Comité des Forges
entend essentiellement ne pas en être rendu
responsable, et encore moins être considéré
comme chargé de leur défense.

CHAPITRE II

La Métallurgie d'avant guerre.

Pendant les années qui précédèrent la guerre, la Métallurgie française s'était-elle puissamment développée ou, suivant un mot particulièrement dangereux parce que, faisant image, il satisfait les esprits superficiels et les dispense de tout effort pour s'assurer du bien-fondé de l'affirmation qu'il pose, avait-elle, pendant cette période, pratiqué le malthusianisme économique?

C'est là la thèse favorite de quelques-uns de ses détracteurs et, sans les suivre complètement, M. Loucheur, Ministre de la Reconstitution Industrielle, leur a donné à la Tribune de la Chambre[1], sur la politique du Comité des Forges avant la guerre, une satisfaction qu'il leur a refusée sur les autres points, en particulier sur les services que le Comité a rendus à

1. Deuxième séance du 14 février 1919.

la Défense Nationale pendant la guerre. Cela prouve tout simplement, puisque les plus avertis peuvent ainsi se méprendre, que les métallurgistes ont eu le tort de ne pas faire connaître assez au pays, à quel degré de puissance et de développement ils avaient porté leur industrie.

Aussi, puisque la question a été posée, nous ne la laisserons pas sans réponse. Nous allons examiner, chiffres et documents en mains, si pendant les années qui ont précédé la guerre, la Métallurgie française a reçu du fait de ses dirigeants le développement maximum qu'elle pouvait atteindre; ou si, au contraire, préoccupée uniquement de réaliser par le minimum d'efforts le maximum de profits, elle est restée à l'arrière de toutes les métallurgies mondiales, se condamnant elle-même à une déchéance prochaine par la médiocrité ou la ruine des industries de transformation et des industries de construction mécanique.

*
* *

Il est impossible de faire une étude sérieuse sur l'industrie métallurgique d'un pays quelconque, sans rechercher au préalable dans quelles conditions cette industrie s'approvisionne de ses matières premières, tellement est important pour elle le coût de ces matières dans le prix de revient du produit fabriqué. Chacun sait que les matières premières essentielles de la sidérurgie sont le minerai de fer, le coke et le charbon, destinés : les deux premiers à la production de la fonte aux hauts-fourneaux, le troisième au chauffage des fours d'affinage, au réchauffage, à l'alimentation des chaudières et au fonctionnement des machines, en un mot à la fabrication de l'acier et à l'usinage des lingots et des demi-produits.

Nous devrons nécessairement, au cours de cette étude sur la métallurgie d'avant-guerre, raisonner sur les chiffres tels qu'ils se présentaient à cette époque, sans tenir compte des profondes modifications que les dévastations opérées par les Allemands dans nos provinces du Nord et de l'Est, et les nouvelles frontières que nous donnera notre victoire, ont dû ou vont leur apporter.

Examinons tout d'abord la question de l'approvisionnement de la France en minerai de fer.

La France est un des pays du monde les plus riches en fer. C'est ce qui ressort de la vaste enquête qui fut décidée à Mexico par le Congrès géologique international et dont les résultats ont été publiés à Stockholm en 1910, en un volume intitulé : *The Iron Ore Resources of the World*.

Cette enquête a conduit aux résultats suivants :

Pays	Ressources connues	Équivalents métalliques en fer
	millions de tonnes	
Allemagne.	5 600	1 270
France	3 300	1 140
Angleterre.	1 300.	455
Suède.	1 158	740
Russie	865	587
Espagne	711	549
Norvège.	367	124
Autriche-Hongrie.	284	103
Luxembourg	270	90
Grèce.	100	45
Autres pays.	77	50
Europe	12 032	4 733

Remarquons que cette constatation date d'avant 1910; depuis lors, de nouvelles recherches ont été pratiquées dans les différents pays, et notamment en France et en Allemagne. Dans l'un et l'autre pays, on avait découvert avant la guerre de nouveaux gisements, parfois très importants, de sorte qu'il était assez difficile, en 1914, de savoir très exactement si c'était l'Allemagne qui dépassait la France ou si c'était l'inverse.

Le détail de nos ressources continentales avait été évalué comme suit par M. Nicou, en 1910 :

Meurthe-et-Moselle. . .	3 000 000 000	de tonnes.
Normandie, Anjou . . .	200 000 000	—
Pyrénées.	100 000 000	—
Total. . . .	3 300 000 000	de tonnes.

Au point de vue de l'exploitation, voici quel-

ques chiffres qui font ressortir les progrès réalisés, au cours des quarante dernières années,
dans les mines de fer de la France continen-
tale :

1875	production.	2 506 000
1885	—	. . . .	2 318 000
1895	—	. . . .	3 680 000
1905	—	. . . .	7 395 000
1910	—	. . . .	14 606 000
1913	—	. . . .	21 918 000

Si, au lieu de ce tableau succinct, on examine
le tableau détaillé de la production, année par
année, depuis 1871, on constate que la production française de minerai de fer est restée à peu
près stationnaire jusqu'aux environs de 1895.
Elle avait oscillé aux environs de 3 000 000
de tonnes, n'atteignant qu'exceptionnellement
3 500 000 tonnes en 1882, 3 600 000 tonnes en
1895. Entre 1895 et 1902, elle augmente légè-
rement, passant de 3 600 000 à 5 millions de
tonnes.

C'est seulement depuis 1902 que l'augmentation devient sensible, et prend une allure
rapide et régulière d'année en année ; la production, de 5 millions de tonnes en 1902, passe à
10 millions en 1907, à 15 millions en 1910,
pour atteindre 22 millions en 1913.

Cette augmentation de production était due
exclusivement à la mise en valeur du bassin de
Briey, qui, découvert en 1895, avait été déve-

loppé avec une extrême activité et, dès 1905, produisait plus de 2 millions de tonnes. Sa production dépassait 8 millions de tonnes en 1910, et 15 millions de tonnes en 1913.

C'est grâce à lui, et à lui seulement, que la France s'est classée parmi les premiers pays producteurs de minerai de fer, car la production des deux bassins de Longwy et Nancy était restée stationnaire, et celle des autres gisements français ne s'était développée que très lentement (elle ne représentait encore que 2 millions de tonnes en 1913).

Le bassin de Briey fait partie du gisement de Meurthe-et-Moselle, qui ne constituait lui-même, avant la guerre, que la moitié Ouest de l'énorme masse de minerai connue sous le nom de gisement lorrain, et qui se trouvait, avant notre victoire, divisée en deux parties à peu près égales par la frontière du traité de Francfort. En tenant compte de la petite prolongation du Luxembourg, sa répartition totale se trouvait, en 1914, être la suivante :

France.	61 000 hectares.
Lorraine ci-devant annexée . .	43 000 —
Luxembourg.	5 600 —

Les 61 000 hectares français se divisaient en deux bassins : le bassin de Longwy et le bassin de Briey (auxquels il faudra ajouter bientôt les 12 000 hectares du nouveau bassin de la Crusnes, qui n'est pas encore concédé). Au Sud, et absolument distinct, se trouve le vieux bassin de Nancy dont les concessions couvrent 18 000 hectares.

D'après M. Nicou, les 3 000 000 000 de tonnes de réserve de minerai se répartissent ainsi entre les bassins :

Bassin de Longwy.	300 000 000
Bassin de Briey.	2 000 000 000
Bassin de la Crusnes	500 000 000
Bassin de Nancy.	200 000 000
Total.	3 000 000 000

De 1910 à 1913, la production de la Meurthe-et-Moselle était répartie comme suit entre les trois bassins :

En 1000 tonnes.

	Nancy.	Longwy.	Briey.	Total.
1910.	2 091	2 607	8 505	13 203
1911.	2 041	2 577	10 405	14 823
1912.	1 974	2 453	12 699	17 126
1913.	1 917	2 609	15 104	19 630

On voit ainsi l'importance respective de chacun des bassins, et surtout le rôle grandissant du bassin de Briey. Grâce à lui, la production de Meurthe-et-Moselle représentait, en 1913, 91 pour 100 de la production totale française.

Ce minerai lorrain, qui est de l'hématite hydratée, présente l'aspect d'une aggloméra-

tion de petits œufs de poisson (formation ooli-
thique), noyés dans un ciment tantôt siliceux,
tantôt calcaire. La teneur moyenne en fer va-
rie, en général, de 30 à 38 pour 100 suivant les
bassins. L'élément caractéristique est le phosphore à la teneur de 1 à 2 pour 100. Le phosphore rendant l'acier cassant et inutilisable,
le développement du bassin resta entravé, jusqu'au jour où Thomas et Gilchrist réussirent
à déphosphorer les fontes pendant leur transformation en acier.

Les deux bassins de Longwy et de Nancy
sont à gangue siliceuse, leur minerai est assez
friable et se prête, par conséquent, mal à des
séries de transbordement, ce qui lui ôte toute
valeur d'exportation. Quant à la teneur en fer,
elle descend assez fréquemment à 33 pour 100
et même au-dessous, surtout dans le bassin de
Nancy.

Au contraire, le minerai du bassin de Briey
est à gangue calcaire; il est plus compact et
plus résistant que le minerai siliceux, se prête
facilement aux transports. Enfin, sa teneur en
fer est plus élevée que dans les autres bassins,
et atteint 36 à 38 pour 100. Ces raisons expli-
quent le grand développement du bassin et le
succès que ces minerais ont rencontré sur les
marchés d'exportation. C'est dans ce bassin
que se rencontrent les plus puissantes installations de France, et certains de ses sièges
peuvent extraire 3 millions de tonnes par an.

Mais les venues d'eau y sont souvent considérables et compliquent singulièrement l'exploitation. Aussi est-il nécessaire de voir progresser ses exportations, comme par le passé, puisqu'en activant l'extraction elles abaissent le prix de revient.

Le minerai de Meurthe-et-Moselle était consommé principalement en France, et surtout en Meurthe-et-Moselle qui en avait absorbé, en 1913, environ 10 millions de tonnes, contre 2 millions de tonnes dans les autres départements. Enfin 8 millions de tonnes avaient été exportées, dont 5 millions de tonnes en Belgique, 1 million de tonnes en Luxembourg, et le reste en Allemagne.

Indiquons en terminant que, d'après le rapport de l'Ingénieur en chef des Mines de Meurthe-et-Moselle, le prix de revient du minerai avait varié en 1913 de 2 fr. 60 à 3 fr. 70 dans le bassin de Briey, de 2 fr. 50 à 2 fr. 90 dans le bassin de Longwy, et de 3 fr. 25 à 4 fr. 30 dans le bassin de Nancy. A noter, d'ailleurs, que le prix minimum de 2 fr. 60, indiqué pour le bassin de Briey, n'était réalisé qu'exceptionnellement, et qu'il s'élevait en général à 3 francs au moins.

Les autres gisements francais, qui ne produisaient, avons-nous dit, que 2 millions de tonnes en 1913 contre 20 millions en Meurthe-et-Moselle, étaient principalement en Normandie et dans les Pyrénées. Indiquons en passant que le minerai normand est sensiblement plus riche que le minerai lorrain et contient de 45 à 55 pour 100 de fer dans l'hématite et 50 pour 100 environ dans le carbonate grillé. Il est très nettement siliceux et renferme, lui aussi, du phosphore (0,7 pour 100).

Ce bassin n'avait avant la guerre qu'une importance très secondaire. Quant au gisement pyrénéen, il comprend du minerai très riche et très pur, mais la production était très faible et n'avait atteint en 1913 qu'un peu plus de 500.000 tonnes.

Le prix des minerais autres que le minerai de Meurthe-et-Moselle, était sensiblement plus élevé que celui du minerai lorrain : d'après les statistiques officielles du Ministère des Travaux Publics, le prix moyen de la tonne avait varié en 1913 de 7 fr. 30 à 9 fr. 23, contre 4 fr. 64 pour le minerai lorrain (prix moyen de vente).

Il ressort de ces quelques indications que la France ne fut réellement dans une situation avantageuse au point de vue du minerai de fer, que depuis les années qui ont suivi 1900, et que son seul gisement vraiment important était celui de Meurthe-et-Moselle. Là, et là seulement, elle disposait d'un minerai réellement abondant et bon marché. Tous les autres gisements étaient exploités dans des conditions incomparablement moins actives et fournissaient un minerai beaucoup plus cher; de plus, leur nature se prêtait moins à la fabrication de la fonte Thomas, laquelle était la qualité la plus demandée. Ce n'est donc qu'à partir de cette année 1900 qu'on peut légitimement demander à la Métallurgie française le parti qu'elle a su tirer de la richesse qui lui était échue.

Cette richesse était-elle suffisante pour doter la France d'une Métallurgie égale à celle de la Grande-Bretagne, de l'Allemagne ou des États-Unis?

Nous ne pourrons répondre à cette question que lorsque nous aurons examiné quelles étaient les ressources que le sous-sol de la France offrait à sa Métallurgie, au point de vue de l'autre matière première qui lui est nécessaire : la houille.

*
* *

Passons maintenant à l'examen de la question de la houille, et comparons tout d'abord la situation de la France à celle des autres principaux pays.

Quelles sont les réserves houillères? Elles ont été déterminées par le Congrès de Toronto, en 1913, et c'est du rapport général de ce Congrès que nous extrayons les renseignements suivants, représentant les ressources actuelles, probables et possibles, jusqu'à la profondeur de 1800 mètres environ :

R. PINOT. — Comité des Forges.   3

Pays.	Ressources en houille et anthracite (en milliards de tonnes métriques).
États-Unis	1 976
Allemagne	419
Grande-Bretagne	190
Autriche-Hongrie	41
France	16
Belgique	11

Ce tableau fait apparaître immédiatement la situation déplorable où se trouve la France. On voit que la Belgique, malgré son tout petit territoire, contient presque autant de réserves en houille que notre pays. L'Autriche-Hongrie et l'Allemagne, d'une étendue à peu près égale à celle de la France, renferment l'une près de trois fois autant de houille que la France, l'autre près de trente fois autant.

Des calculs établis par M. de Nanteuil, ingénieur au Corps des Mines, montrent, d'autre part, que, eu égard à l'épaisseur des morts-terrains et aux profondeurs actuelles d'exploitation, l'extraction d'une année correspond à un approfondissement moyen annuel de $0^m,40$ aux États-Unis, de $0^m,70$ en Allemagne, de 2 mètres en Angleterre, de 3 mètres en Belgique et de 4 mètres en France. Ces chiffres établissent d'une façon saisissante que la France doit, pour un même tonnage, faire beaucoup plus de travaux neufs et préparatoires que l'Allemagne, l'Angleterre, les États-

Unis et la Belgique, c'est-à-dire qu'elle doit surmonter des difficultés beaucoup plus grandes.

' A la richesse de chaque pays correspond une production plus ou moins intensive. Pour nous en tenir à 1913, dernière année normale, nous constatons que la production des principaux pays, évaluée en tonnes métriques, avait été de : 513 millions de tonnes aux États-Unis, 290 millions en Angleterre, 191 millions en Allemagne[1], 23 millions en Belgique et 40 millions en France. Autrement dit, la puissance de production de la France ne représentait en 1913 que 8 pour 100 de celle des États-Unis, 14 pour 100 de celle de l'Angleterre et 17 pour 100 de celle de l'Allemagne.

A la pauvreté naturelle de notre sol en charbon s'ajoutent pour la France le manque de main-d'œuvre, et aussi, il faut bien le dire, le rendement médiocre des ouvriers. Ce rendement était de 670 tonnes par an aux États-Unis, de 273 tonnes en Allemagne, de 248 tonnes en Angleterre, alors qu'il était seulement, en France, de 202 tonnes.

Ces différentes conditions se sont traduites naturellement pour chaque pays, soit par un excédent de production de houille, par rapport à la consommation, soit par un déficit qui n'a pu être comblé que par des importations. Aux États-Unis, l'excédent, en 1913, avait été de plus de 21 millions de tonnes métriques ; en

1. Non compris la lignite (87 000 000 de tonnes en 1913).

Angleterre, cet excédent avait été de 77 millions de tonnes[1]; en Allemagne de 30 millions. En France, le déficit était de 24 millions de tonnes, représentant 54 pour 100 de la production et 30 pour 100 de la consommation[2].

Du fait de ses importations de houille et de coke, notre pays avait dû verser en 1913 à l'étranger une somme de plus de 531 millions de francs, charge écrasante dont les conséquences fâcheuses sont multiples, — et nous ne parlons ici que des prix d'avant guerre.

Telles sont les conditions exceptionnellement défavorables dans lesquelles se trouvait la France avant la guerre par rapport aux autres pays. La conséquence immédiate en était une élévation considérable du prix du charbon. D'après la statistique de l'Industrie Minérale publiée par le Ministère des Travaux Publics, le prix moyen de la tonne de houille en France a été en 1913 de 16 fr. 55. (16 fr. 36 dans le Nord et 19 fr. 21 dans la Loire.)

Il serait déjà très intéressant de comparer ces prix aux prix pratiqués dans les autres pays. Mais cette comparaison ne serait pas exacte, car du fait de nos importations, le prix moyen de notre combustible était relevé consi-

1. Non compris le charbon de soute (21 000 000 de tonnes en 1913).

2. Nos calculs ont été faits en comptant 1 tonne de briquettes pour 0ᵗ,90 de houille et 1 tonne de coke comme représentant 1ᵗ,50 de houille aux États-Unis et en Angleterre et 1ᵗ,33 en Allemagne et en France.

dérablement. Ce prix moyen résultait à la fois des prix intérieurs français et des prix du charbon importé. La valeur moyenne de la tonne de charbon importé avait été en 1913 de 24 fr. 50, prix auquel il faut ajouter 1 fr. 20 représentant les droits de douane, soit au total 25 fr. 70. Le prix moyen intérieur ayant été, d'autre part, avons-nous dit, de 16 fr. 55, un calcul très simple montre que le prix moyen de la tonne de charbon en France avait été très voisin de 20 fr. en 1913. Or ce prix moyen de la tonne avait été de 18 fr. en Belgique, de 14 fr. en Allemagne et de 12 fr. en Angleterre : d'où des majorations respectives de 2, 6 et 8 fr. par rapport à la Belgique, l'Allemagne et l'Angleterre.

En ce qui concerne plus spécialement le coke, matière première de la fonte, notre situation était encore plus défavorable. Alors que la consommation française a été de près de 7 millions de tonnes en 1913, la production n'a été que de 4 millions de tonnes, d'où la nécessité d'importer 3 millions de tonnes.

Le prix du coke en 1913 avait été en France d'environ 27 fr. D'autre part, les trois millions de tonnes importées valaient 31 fr. la tonne, prix auquel il convient d'ajouter les droits de douane de 1 fr. 20, soit au total 32 fr. 20. Le prix moyen du coke en 1913 ressort ainsi pour la France à 29 fr.; or, ce prix moyen avait été, la même année, en Belgique (d'après les adjudications) de 24 fr., en Allemagne (prix de base) de 20 fr. et en Angleterre (d'après le Comité des Houillères) de 17 fr.

Comme il faut 1ᵗ 25 de coke pour produire une tonne de fonte, on voit que la dépense moyenne de coke par tonne de fonte ressortait en 1913 à plus de 36 fr. pour la France, contre 29 à 30 fr. en Belgique, 24 à 25 fr. en Allemagne, 20 à 21 fr. en Angleterre, d'où une majoration par tonne de fonte d'environ 7 fr. par rapport à la Belgique, 12 fr. par rapport à l'Allemagne, 16 fr. par rapport à l'Angleterre.

Cette énorme majoration du prix du charbon avait incité nos Maîtres de Forges à faire des efforts importants et soutenus pour se libérer, au moins en partie, du lourd fardeau qui pesait sur eux. Il ne leur a pas suffi de réaliser d'importantes économies de combustible par le perfectionnement de leur matériel, ni de garantir pendant quelque temps la sécurité de leur approvisionnement en combustible par des contrats de longue durée. Ils ont été plus loin et ils se sont intéressés à grands frais, soit sur le territoire national, soit à l'étranger, aux recherches de houille, même les plus incertaines. Ce sont eux qui ont trouvé le bassin houiller de Pont-à-Mousson qui n'est toujours pas concédé bien qu'il soit découvert depuis 1905! Ce sont eux qui ont provoqué les découvertes des nouvelles couches du sud du Pas-de-Calais et de la Campine; enfin ils ont pris d'importants intérêts dans des charbonnages anglais, belges ou allemands, et l'on ne saurait oublier de mentionner ici que l'une des plus belles installations allemandes était celle de la mine Frédéric-Henri, qui appartenait à des industriels français et qui avait été aménagée par eux.

Quelques années avant la guerre, nos Maîtres de Forges avaient essayé une autre formule. S'étant constitués en groupes, ils avaient construit des batteries de fours à coke alimentés par des fines anglaises et c'est ce coke qu'ils consommaient en partie dans leurs hauts-fourneaux. Citons entre autres les usines de la Société Zélandaise de Carbonisation, installées à Sluiskill, en Hollande, et l'Usine d'Auby dans le Pas-de-Calais. Enfin, des fours à coke étaient en construction ou en étude au moment de la guerre, dans plusieurs de nos grandes usines métallurgiques de l'Est, notamment dans celles de Pont-à-Mousson, où les travaux étaient en grande partie achevés.

Certains ont bien voulu reconnaître cette situation exceptionnellement difficile de la France, et admettre que les conditions où se trouvait la Métallurgie étaient des plus pénibles. Mais, disaient-ils, puisque la France est si pauvre en charbon et que l'Allemagne manque de minerai de fer, pourquoi les Maîtres de Forges français ne cherchent-ils pas un *modus vivendi*, qui leur permettrait d'importer du charbon allemand bon marché, alors qu'ils exporteraient du minerai en Allemagne; ce qui permettrait aux deux pays de travailler dans des conditions équivalentes de prix de revient.

Sans faire remarquer autrement ici, que la Métallurgie française, en agissant ainsi, n'aurait pas manqué de soulever d'autres critiques, il faut cependant se rendre compte que l'Allemagne n'était pas du tout dans la dépendance de la France au point de vue de ses approvisionnements en minerais. Nous avons vu, en effet, qu'en 1910, au Congrès de Stockholm, les richesses allemandes en minerai étaient supérieures à celles de la France. Sans doute, depuis lors, les Allemands, pour défendre leurs visées annexionnistes, ont prétendu que ces gisements seraient épuisés d'ici 60 ans. En réalité, ils avaient d'abord dans leur pays, sur la rive droite du Rhin, d'autres gisements, qu'ils avaient laissés provisoirement de côté, et ils disposaient en particulier du grand gisement bavarois, sur lequel l'attention ne s'était guère portée jusqu'à la guerre, par suite du développement intensif du gisement lorrain. Ce minerai bavarois a fréquemment une teneur de 50 pour 100 de fer et on peut l'améliorer sensiblement en le grillant. D'autre part, l'ensemble du gisement bavarois, qui avait été évalué approximativement à 180 millions de tonnes en 1910, est en réalité beaucoup plus important et certains géologues

ont été jusqu'à l'évaluer à un milliard de tonnes.
Enfin, il faut noter que l'Allemagne s'approvi-
sionnait facilement de minerai en Suède, d'où
elle importait couramment chaque année 5 millions de tonnes de minerai d'une teneur de
près de 60 pour 100 de fer. Elle recevait en
outre près de 4 millions de tonnes d'Espagne.

Par conséquent, il ne faut pas croire du tout
que les industriels allemands aient été, au
point de vue du minerai de fer, dans une situation difficile. Ils le payaient certainement plus
cher que les industriels français, en moyenne,
mais ils se procuraient aisément tous les tonnages dont ils avaient besoin. Nous n'avions
donc pas de ce côté un moyen de pression
efficace, vis-à-vis des Maîtres de Forges allemands qui le savaient bien, et qui ne se faisaient pas faute de nous le faire voir. Par
contre, nos Usines de l'Est ne pouvaient trouver le charbon qui leur était nécessaire ailleurs
qu'en Allemagne; et elles ne pouvaient traiter
pour obtenir le coke dont elles avaient besoin,
qu'avec le Syndicat allemand du charbon,
dans lequel, par suite de l'existence des mines-
usines, les Métallurgistes allemands avaient la
majorité. Ceux-ci étaient donc maîtres de fixer
à leur guise le prix auquel ils nous vendaient
leur coke, et ils avaient soin, bien entendu de
fixer ce prix de façon que tout espoir de concurrence sur les marchés extérieurs nous soit
interdit. Ils avaient même refusé de nous

vendre les fines à coke, ce qui nous aurait permis de faire notre coke nous-mêmes; ils voulaient ainsi conserver pour eux les sous-pro-
duits, et empêcher le développement de nos
industries chimiques.

*
* *

La Métallurgie française ne rencontrait pas
des difficultés que pour ses seuls combustibles,
elle en rencontrait d'aussi grandes pour le
recrutement de sa main-d'œuvre.

Nous n'apprendrons rien à personne en rappelant qu'avant la guerre, et depuis de longues
années, la population française était, au point
de vue de son accroissement, dans un état de
stagnation inquiétante pour l'avenir même de
notre race. Une industrie quelconque ne pouvait accroître, dans notre pays, ses effectifs
qu'aux dépens des industries voisines, ou en
vidant les campagnes déjà appauvries, ou
encore en faisant appel à la main-d'œuvre
étrangère.

Nous verrons plus loin l'énorme effort que
l'industrie métallurgique de l'Est a fait pour
amener et acclimater en France la main-
d'œuvre étrangère, sans laquelle elle n'aurait
pu développer l'exploitation de ses mines. De
toutes les industries françaises, seule, elle
avait un service de recrutement collectif
puissamment organisé.

Mais en même temps qu'une industrie doit

s'assurer la main-d'œuvre qui lui est nécessaire, elle doit perfectionner sans cesse son outillage et ses installations, de façon à diminuer la quantité de main-d'œuvre par unité de produits fabriqués. Voici, dans cet ordre d'idées, où en était la Métallurgie française.

En 1873, première année pour laquelle nous ayons pu recueillir les renseignements nécessaires, la Métallurgie française produisait par ouvrier 95 tonnes de fonte et 26 tonnes de fer et d'acier ouvré.

Vingt ans plus tard, en 1893, la production annuelle par ouvrier s'était élevée à 200 tonnes pour la fonte et à 30 tonnes pour le fer et l'acier. Enfin, au moment de la guerre, sa production par ouvrier était d'environ 255 tonnes pour la fonte et 39 tonnes pour le fer et l'acier. C'est grâce au perfectionnement des installations, et en particulier à l'extension de la manutention mécanique, qu'on a pu accroître ainsi le rendement individuel des ouvriers. Entre 1873 et 1913, la production de fonte a crû de 260 pour 100 alors que le nombre des ouvriers a crû seulement de 25 pour 100.

Pour le fer et l'acier, la production a crû de 255 pour 100, alors que le nombre des ouvriers ne s'est augmenté que de 106 pour 100.

Il a fallu que nos Maîtres de Forges se préoccupent de remédier par tous les moyens à cette pénurie de main-d'œuvre, de même qu'ils ont lutté constamment pour se procurer le charbon et le coke. En même temps, ils ont développé les œuvres sociales capables d'attacher, par le bien-être, l'ouvrier à son industrie : caisses de secours, retraites, sociétés coopératives, sociétés de secours mutuels, cités ouvrières, etc....

Il est certain que si la Métallurgie française avait pu, sans difficultés, comme la Métallurgie allemande, accroître chaque année ses effectifs de plusieurs milliers d'hommes, son développement aurait été beaucoup plus important qu'il n'a pu l'être.

* *
*

Telles sont les conditions dans lesquelles la Métallurgie française devait travailler.

On lui a reproché de ne pas s'être développée autant que certaines Métallurgies étrangères. C'est ce point que nous allons examiner.

Prenons les dix dernières années qui ont précédé la guerre, c'est-à-dire l'ensemble des années 1903-1913, et comparons l'augmentation de production des principales métallurgies pendant cette période.

Sans doute on peut discuter — et on n'a point manqué de le faire — une comparaison portant sur une aussi courte période. Les contempteurs de notre industrie ne veulent envisager qu'une comparaison portant sur 30 ou 40 ans. Mais une telle comparaison indique une absence rare d'esprit critique. Quand on compare en effet pendant une si longue période les Métallurgies anglaise et allemande à la Métallurgie française, on met en regard deux industries étrangères, qui ont disposé pendant une longue période, d'une façon continue et à bon compte, de leurs matières premières essentielles, et une métallurgie qui ne détient que l'une de ces matières premières, et cela depuis quelques années seulement.

Nous avons montré que ce n'est qu'après l'année 1900, que la Métallurgie française a possédé, dans des conditions favorables, l'une de ces deux matières premières, le minerai de fer.

C'est donc seulement à partir de ce moment qu'on peut essayer de bonne foi de faire un parallèle : encore ne saurait-on oublier, en le faisant que la France a toujours été dans des situations extrêmement difficiles au point de vue du charbon et que notre industrie se trouve ainsi absolument défavorisée par rapport aux deux autres : Grande-Bretagne et Allemagne.

Cependant, quand on fait ce rapprochement dans la seule période où on peut, à la rigueur, l'essayer, les résultats auxquels on arrive sont tout à l'éloge de nos Maîtres de Forges.

Depuis 1903, en ne disposant que d'une seule de ses matières premières, la Métallurgie française s'est, malgré tout, développée dans une proportion égale ou supérieure à celle de ses concurrentes ; autant dire qu'un boiteux a pu suivre à la course des adversaires valides, et ce n'est pas là un mérite négligeable !

Sans prendre ici, dans le détail, la comparaison du développement de la métallurgie française avec les autres métallurgies, nous nous contentons de reproduire ci-dessous le tableau qui concerne la fonte et l'acier.

Période 1905-1915.	Accroissements de production.	
	Fonte.	Acier.
Belgique..	104 %	154 %
France	87	152
Allemagne..	92	118
Etats-Unis..	72	115
Autriche-Hongrie	71	97
Russie..	80	100
Angleterre	14	52

Il ressort de ce tableau que l'augmentation française de la production de fonte n'a été inférieure qu'à celle de la Belgique et de l'Allemagne, dont elle se rapproche très sensiblement.

Quant à l'augmentation de production de l'acier, elle est presque égale à l'augmentation belge et très supérieure à l'augmentation des autres pays.

Tels sont les faits dans toute leur clarté. Et ce résultat, répétons-le une fois de plus, a été obtenu par notre pays malgré des difficultés extrêmement graves au point de vue du charbon et du coke, et au point de vue de la main-d'œuvre. Ce n'est qu'au prix d'une ténacité et

d'une activité sans égales que nos Maîtres de
Forges sont parvenus à maintenir ainsi le rang
de la France dans le monde.

Remarquons que cette augmentation de production était, au moment de la guerre, à la veille
d'être encore plus marquée. Plusieurs hauts-
fourneaux et un certain nombre de fours Martin
et de convertisseurs étaient en effet en achèvement au moment de la mobilisation, et leur production allait augmenter la production française
de plus d'un million de tonnes de fonte et de
plus d'un million de tonnes d'acier. Il n'est que
juste de tenir compte de ce nouvel et considérable effort, quand on parle de la productivité
de nos industries.

On voit donc que nos Maîtres de Forges, non
seulement n'étaient pas en retard sur la consommation, mais qu'ils la dépassaient très
largement et, par conséquent, que le mot de
malthusianisme qui a été appliqué au développement qu'ils ont donné à leur industrie, est
absolument immérité[1].

On a reproché aussi à l'industrie métallurgique française d'avoir une vitalité moindre que
celle des industries métallurgiques allemandes. Mais est-ce à la seule industrie métallurgique que ce reproche doit être adressé? N'est-
ce pas là le mal dont souffrent toutes nos indus-

[1]. Voir en Appendice des tableaux montrant le développement considérable de quelques-unes de nos plus importantes Sociétés métallurgiques. (Annexes II, III et IV.)

tries? Comment en serait-il autrement puisque
la France est, hélas! un pays de très faible
natalité, tandis que l'Allemagne est, au
contraire, un pays où la natalité est très forte?

La population de l'Allemagne avait augmenté
de 71 pour 100 entre 1871 et 1913, alors qu'en
France, dans la même période, l'augmentation
avait été de 9 pour 100 seulement ; en 1913 il
naissait 5 Allemands pour 1 Français.

L'extraction du charbon, qui est, elle aussi,
d'une importance capitale dans la puissance
économique d'un pays, avait augmenté pendant
ces 42 ans de 807 pour 100 en Allemagne et
de 208 pour 100 en France.

C'est dans ces deux éléments, et surtout dans
l'augmentation incessante de la population,
qu'il faut chercher la raison du développement
beaucoup plus rapide de la métallurgie allemande. On aura beau faire des enquêtes, des
déclarations, des discours et des lois, on pourra
entonner des hymnes à la production pour
pousser les Français à augmenter les ressources économiques du pays, rien de sérieux
ne sera possible, tant que la race française
n'aura pas, en augmentant elle-même dans une
proportion considérable, créé de nouveaux producteurs et des consommateurs plus nombreux.

L'Allemagne a connu, dans les années qui
ont précédé la guerre, une prospérité sans exemple, parce qu'elle avait beaucoup d'enfants :
beaucoup d'enfants qui créaient des besoins,

exigeaient la construction de nouvelles habitations, le développement des moyens de transport, etc., beaucoup d'enfants qui donnaient la main-d'œuvre indispensable au développement du pays, beaucoup d'enfants dont une partie s'expatriaient, et, en se répandant sur le globe, créaient les grands courants des exportations.

D'autre part, le Gouvernement allemand considérait comme l'un de ses devoirs immédiats de protéger et de développer son industrie, et tout était organisé pour cet objet en Allemagne. Rappelons-nous les tarifs spéciaux des transports pour amener à l'usine le charbon et le coke, dans les meilleures conditions de prix, le développement des quais, des ports, etc. Rappelons-nous les avantages constamment renouvelés à l'industrie et au commerce, le dévouement à leurs nationaux des agents diplomatiques et consulaires allemands à l'étranger.

Et quand on examine ce qui avait été fait en France, que trouvons-nous d'analogue ? Rien. Non seulement les Pouvoirs publics, malgré leur bonne volonté, n'ont su faire rien d'efficace pour développer l'industrie française, mais on pourrait même dire que, par une malchance sans seconde, ils ont fait tout ce qu'il fallait pour la décourager. En arrêtant le fonctionnement légal de la loi de 1810, ils ont détruit en France le goût de la prospection, et ils ont paralysé l'essor de l'industrie minière ; leur politique fiscale a détourné les capitaux des concours qu'ils de-

vaient donner à l'industrie française et les a
précipités dans tous les emprunts étrangers ; et
on s'étonne maintenant que la comparaison
puisse être à l'avantage de nos ennemis.

Et cependant, sans faire l'examen de conscience des autres, il est facile de constater
qu'entre presque toutes les industries françaises,
la Métallurgie a été la seule qui, non seulement
se soit maintenue, mais se soit développée au
cours des années passées.

En terminant ces quelques remarques sur la
production française, il ne nous semble pas
inutile d'indiquer, comme complément, la production de fonte de notre pays, en remontant à
un certain nombre d'années.

1869	1 381 000 tonnes.
1880	1 725 000 —
1890	1 962 000 —
1900	2 714 000 —
1910	4 038 000 —
1913	5 207 000 -

On voit qu'en une même période d'environ
vingt ans, notre métallurgie a vu sa production
augmenter de 42 pour 100 seulement, de 1869
à 1890, alors que l'accroissement a dépassé
100 pour 100 de 1890 à 1910 ; elle a fait pendant les dix dernières années plus de chemin
qu'elle n'en avait précédemment couvert en
trente ans.

C'est surtout depuis 1900 qu'elle a pris son

vigoureux essor; voici du reste les chiffres annuels de la production de fonte depuis cette époque :

1900	2 715 000	tonnes.
1901	2 389 000	—
1902	2 405 000	—
1903	2 841 000	—
1904	2 974 000	—
1905	3 077 000	—
1906	3 314 000	—
1907	3 590 000	—
1908	3 401 000	—
1909	3 574 000	—
1910	4 038 000	—
1911	4 470 000	—
1912	4 939 000	—
1913	5 207 000	—

On voit, en particulier, combien les progrès des trois dernières années ont été rapides, puisqu'ils accusent une augmentation de 1 000 000 de tonnes, augmentation qu'il avait antérieurement fallu neuf ans pour réaliser (1901-1909).

Nous ne donnons, pour rester succincts, aucun chiffre sur les demi-produits et les produits finis; ils accuseraient les mêmes progrès.

La métallurgie française a donc pris un bel élan. Or, il est essentiel de remarquer avec quelle régularité son développement s'est fait et se poursuit chaque jour, aussi bien au point de vue de son outillage et de sa production, qu'au point de vue de l'emploi et de la gestion des capitaux qui lui furent confiés et de ceux qu'elle a su et sait en temps utile mettre en réserve. C'est ce qui explique pourquoi les plus violentes crises, même celle de 1908, qui a si cruellement atteint ses concurrentes étrangères, l'ont à peine effleurée.

Cependant, il faut le reconnaître, si importants, et si rapides qu'aient été ces progrès, ils n'ont pas été suffisants pour améliorer le rang de notre pays dans le monde. Il était le quatrième en 1870, il est encore le quatrième aujourd'hui, mais nous savons que c'est l'extrême pauvreté de son sous-sol en gisements houillers qui l'a contraint à se laisser distancer sensiblement par ses concurrents.

Alors, en effet, que la production de fonte des États-Unis était de moins de 2 millions de tonnes en 1870, elle passait à 9 millions de tonnes en 1890, à 14 millions en 1900, à 31 millions en 1913, doublant presque tous les dix ans.

En Allemagne, le bond a été également prodigieux. En 1871 la production de fonte dépassait à peine 1 million et demi de tonnes. Vingt ans après, en 1890, elle avait triplé. Enfin, en 1913, elle a atteint 19 millions de tonnes.

L'Angleterre n'a pas suivi avec la même allure. En 1870, elle produisait environ 6 millions de tonnes de fonte, ce qui était énorme pour l'époque, mais elle ne produisait en 1890 que 8 millions de tonnes, et, en 1913, elle dépassait à peine 10 millions de tonnes. Elle s'était laissé distancer de beaucoup par les États-Unis et l'Allemagne et avait perdu sa prépondérance. En 1870, elle produisait à elle seule exactement la moitié de la fonte du monde entier; avant la guerre, sa part n'était plus que d'un huitième.

En résumé, en 1913, les États-Unis, l'Allemagne et l'Angleterre produisaient 60 millions de tonnes de fonte, sur une production mondiale de 78 millions. Il restait donc pour tous les autres pays réunis environ 18 millions de tonnes à se partager, dont 5 200 000 tonnes étaient produites, par la France, qui s'assurait ainsi le quatrième rang[1].

*
* *

On a reproché à la Métallurgie de s'être concentrée à la frontière et, à entendre ceux qui ont fait cette découverte, c'est tout juste si nos Industriels ne sont pas accusés de l'avoir fait exprès !

Une telle affirmation implique une singulière ignorance des réalités. La Métallurgie, nous l'avons dit, est dominée tout entière par la nécessité de s'approvisionner en coke et en minerai. D'où cette conclusion immédiate: il faut qu'une usine, si elle veut travailler dans

1. Voir en Appendice un tableau qui permet de suivre la marche de la production des divers pays depuis 1870. (Annexe V.)

de bonnes conditions, s'installe sur l'une de ces matières premières : charbon ou minerai. L'idéal serait qu'elle fût installée à la fois sur les deux, mais cette condition optima n'est guère réalisée que pour quelques usines d'Angleterre.

Pour les usines françaises, une seule question se posait: s'installeraient-elles sur le charbon ou sur le minerai? Encore faut-il remarquer qu'en s'installant sur le charbon de notre Bassin du Nord, elles étaient toujours à la frontière.

On sait qu'originairement, la Métallurgie se contentait de petits appareils et d'opérations simples. Il suffisait à nos pères de se fixer à côté d'un petit gisement de fer, à proximité d'une forêt et au bord d'un cours d'eau, pour être en mesure de pouvoir produire.

Comme les gisements de fer étaient très nombreux en France, nous avions autrefois une métallurgie éparpillée en petites usines sur tout le territoire. Un jour est venu où les conditions économiques et notamment les transports ont tellement favorisé certaines usines par rapport à d'autres, que beaucoup ont dû fermer leurs portes et disparaître. Les usines ainsi avantagées étaient celles qui se trouvaient sur le charbon et dans des régions où la main-d'œuvre était abondante et spécialisée. C'est là l'origine de la concentration primitive de notre métallurgie dans le Centre.

Lorsque la découverte et la mise en exploitation de notre gisement de Meurthe-et-Moselle
permirent d'avoir du minerai à 3 fr. la tonne,
il y eut un tel bénéfice au point de vue du prix
de revient de la fonte, que toutes les grandes
usines devaient fatalement construire leurs
hauts-fourneaux sur ce minerai, d'autant plus
que par sa nature, il convenait tout particulièrement à la fabrication de la fonte Thomas.

C'est ainsi que s'est concentrée peu à peu
en Meurthe-et-Moselle, toute notre métallurgie
des produits courants (rails, poutrelles, produits Thomas, etc.). Comme ces produits courants ne pouvaient en effet être vendus que
bon marché, il était essentiel d'en réduire
autant que possible le prix de revient, et c'est
pourquoi cette concentration a été non seulement nécessaire, mais utile aux intérêts généraux du pays.

Il est très probable que les mêmes personnes
qui reprochent à notre métallurgie de s'être
installée ainsi en Meurthe-et-Moselle, lui
auraient reproché, dans le cas contraire, de ne
pas l'avoir fait, et elles l'auraient accusée sûre-
ment de ne pas chercher avant tout à réduire
ses prix de revient.

Il n'est resté dans le Centre que la métallurgie des produits fins, c'est-à-dire des produits dans lesquels le prix des matières premières est relativement moins important que
l'habileté de la main-d'œuvre. C'est là qu'est

établi l'outillage puissant nécessité par la fabrication du matériel de guerre, et que sont réunis tous les spécialistes auxquels est dû le renom de nos aciers fins et de nos aciers spéciaux.

Le Nord n'a pas disparu comme région métallurgique, bien au contraire. Il devait acheter son minerai soit à l'étranger, soit en France, et ne pouvait le recevoir que majoré des frais de transport. Mais comme il trouvait le coke sur place, on peut estimer qu'il y avait en partie compensation et c'est ce qui explique que sa métallurgie ait pu, non seulement se maintenir, mais même se développer.

La répartition des usines métallurgiques en trois groupes : Meurthe-et-Moselle, Centre, Nord, n'est donc pas du tout le fait d'une fantaisie des industriels, mais bien l'aboutissement inéluctable des conditions économiques actuelles, auxquelles personne ne peut rien. Elle était même nécessaire, répétons-le, parce que c'est grâce à elle que notre pays a été en mesure de réduire enfin le coût de l'un des éléments de son prix de revient et de pouvoir produire abondamment et à bon marché les catégories de produits les plus demandées.

Nous allons préciser en quelques lignes le caractère de ces trois régions. La production de la Meurthe-et-Moselle représentait avant la guerre les 2/3 de la production française de fonte et un peu plus de la moitié de celle d'acier.

En raison de la nature de son minerai c'était principalement dans la production des qualités Thomas qu'elle s'était spécialisée, c'est-à-dire des produits de grande vente et bon marché : rails, poutrelles, profilés, etc., tous produits simples, qui avaient conduit les Maîtres de Forges lorrains à organiser les premiers les comptoirs, auxquels ils confiaient la vente en commun de leurs produits.

A ceux qui contestent le développement de la métallurgie française, nous conseillons d'étudier les progrès que notre industrie avait réalisés en Meurthe-et-Moselle avant la guerre. Le besoin de main-d'œuvre était tel, que la population locale n'avait pu répondre à l'appel des usines et qu'il avait fallu importer de la main-d'œuvre étrangère.

Sur 103 000 habitants de l'arrondissement de Briey, on comptait avant la guerre 40 000 étrangers. L'Italie avait contribué pour la plus grande part à la constitution de cette main-d'œuvre. Les Maîtres de Forges lorrains avaient organisé dans ce pays un recrutement collectif et permanent.

D'autre part, pour retenir cette population ouvrière, il a fallu créer de véritables villes, là où il n'y avait que des champs, et doter ces agglomérations de tous les services publics.

Comme dans le Far West américain, des villes-champignons ont surgi, telles Jœuf, Homécourt et Auboué.

Les chemins de fer ont dû multiplier leurs installations, la force motrice était passée de 12 000 chevaux en 1880 à 210 000 en 1913. La population du département avait augmenté de 100 000 habitants rien que dans les 20 dernières années.

Nancy, classée neuvième en 1880 parmi les Succursales de la Banque de France, est classée première depuis 1909 ; et on avait calculé en 1909 que la Bourse de Nancy, dont on étudiait alors la création, régnerait sur un ensemble de titres d'une valeur de plus de 1 milliard.

Un tel développement ne se justifie pas seulement par la richesse du sol, la faveur des circonstances ou le concours de capitaux. Il fallait aussi, pour diriger le mouvement, des hommes de volonté. Rendons hommage ici aux Maîtres de Forges lorrains qui ont été de véritables artisans de la prospérité nationale.

Dans le Nord, c'est le charbon qui a été l'organe de la prospérité industrielle. Mais la métallurgie, comme nous l'avons dit, si elle trouvait sur place son combustible, devait faire venir de loin ses minerais, et ceux-ci étaient variés : minerais calcaires de Briey, minerais siliceux de Longwy et de Normandie, minerais purs des Pyrénées et d'Espagne, pyrite, scories de puddlage et riblons.

Sans négliger les produits Thomas, le Nord a donc dû s'orienter vers la production du métal soudé, de l'acier Martin et des produits ouvrés, qui exigent des matières premières à la fois plus pures et plus diversifiées.

Le Nord fournissait avant la guerre environ 20 pour 100 de la production de fonte et d'acier.

Le Centre avait vu son importance relative diminuer au fur et à mesure que se développait la métallurgie de l'Est, et avant la guerre sa production n'était plus que de 4 pour 100 de la production française pour la fonte et de 13 pour 100 pour l'acier.

Tandis que l'Est et le Nord trouvaient sur place à très bon compte, l'un son minerai, l'autre son charbon, le Centre ne pouvait se procurer ces deux matières qu'à des conditions onéreuses. Son minerai ne peut venir que de loin comme dans le Nord, et d'autre part le coke qu'il consomme est coûteux, son prix de revient étant supérieur de cinq francs par tonne à celui des mines du Nord, qui peuvent écouler le leur jusqu'à Montluçon.

Le Centre n'a pu subsister qu'en se spécialisant dans les produits chers, lesquels exigent du métal de première qualité et une main-d'œuvre exceptionnellement entraînée.

*
* *

On a cherché à créer un lien entre la situation de l'Industrie métallurgique en France et la situation de l'industrie de la Construction mécanique, et, d'une façon plus générale, des industries de transformation du métal.

Il aurait peut-être été équitable de la part de ceux qui ont accepté comme établi, le reproche adressé à la Métallurgie d'avoir pratiqué, avant la guerre, le « malthusianisme économique », de chercher à vérifier son bien-fondé, et de se donner la peine d'examiner l'essor que prirent en France, dans les dix années qui précédèrent la guerre, les autres industries. Ils se seraient alors rendu compte que, de toutes les industries, c'est la Métallurgie qui s'est le plus développée.

Mais puisque ce reproche est venu à la Métallurgie, nous ne dirons pas de la construction mécanique, mais de ceux qui se sont constitués d'office ses champions, il n'est que juste de jeter un regard sur cette industrie et d'examiner quels sont les efforts qu'elle a faits pendant la même période.

Dans leur ensemble, mais plus particulièrement pour certaines branches, les résultats auxquels elle est arrivée sont navrants.

A la veille de la guerre, en 1913, les importations étrangères en France s'évaluaient à 321 millions de francs dont 152 millions en provenance de l'Allemagne.

Tout le monde est bien obligé d'être d'accord sur ces chiffres et de proclamer, avec le pays tout entier, qu'ils sont déplorables.

Mais de ce déclin de la Construction mécanique française, qui est responsable?

Est-ce la Métallurgie?

En fait, c'est la même Métallurgie qui est derrière toutes les spécialités de la construction mécanique; alors pourquoi, certaines de ces spécialités se sont-elles splendidement développées dans ce pays, comme la construction automobile, au point d'être puissamment exportatrices ? Pourquoi certaines, après avoir désespérément lutté pendant des années, ont elles fini par reprendre le dessus, comme l'industrie du matériel de chemins de fer ? Pourquoi certaines ont-elles eu plus particulièrement besoin, au point de vue technique, du concours de l'étranger, comme les industries de la construction électrique ? Pourquoi certaines autres ne réussissaient-elles pas, avant la guerre, à s'implanter en France, comme les industries de la construction des machines à écrire, des machines à coudre, des machines agricoles, des machines à papier, etc..., etc...?

C'est bien vite fait de dire que c'est la faute de la Métallurgie...

La Métallurgie française vendait ses produits à la Construction mécanique, plus cher que la Métallurgie allemande ne vendait les siens à la Construction mécanique allemande, c'est entendu. La Métallurgie française achète, elle aussi, son coke aux Houillères·françaises plus cher que la Métallurgie allemande n'achète le sien aux Houillères allemandes; elle est même obligée d'importer la moitié de sa consommation, c'est entendu. Est-ce que cette gêne, ce surcroît de dépense ont empêché la Métallurgie française de faire l'effort qu'elle a fait et de doubler sa production en quelques années?

La Métallurgie française était bien protégée par des tarifs douaniers, la Construction mécanique ne l'était pas.

Tout le monde le reconnaît, mais qui est-ce qui a empêché la construction mécanique de veiller à ses intérêts? Pourquoi, à deux reprises, lors de la revision du tarif douanier, en 1910, et lors des demandes faites auprès du Parlement pour l'abrogation du traité franco-suisse, le Syndicat des Mécaniciens, Chaudronniers et Fondeurs ne s'est-il pas occupé de ces questions?

Pourquoi les démarches, qui furent faites le 13 juin 1913 auprès des Commissions des Douanes de la Chambre et du Sénat, pour demander l'abrogation de cette convention, furent-elles faites seulement par l'Union des Industries Métallurgiques et Minières, et les Syndicats de Construction mécanique de la rue de Madrid?

Pour importante qu'elle soit, la question du prix du métal, en Construction Mécanique, n'est pas tout. Il suffit d'examiner la valeur du métal qui entre dans le produit fabriqué et de la rapporter au prix de vente, pour voir quelle est son incidence sur le prix de revient.

D'ailleurs, nous ne saurions mieux faire que de laisser sur ce point la parole à un Constructeur Mécanicien, qui fait honneur à la France, qui a inventé des appareils recherchés dans le monde entier et qui les fait construire en France tout bonnement avec du métal français.

Voici ce que M. A. Rateau dit dans son rapport sur la Mécanique, présenté au Comité Consultatif des Arts et Manufactures en mars 1918[1].

« Pour estimer avec quelque justesse le développement qu'il conviendra de donner aux Constructions Mécaniques, voyons d'abord comment se présentait la situation avant la guerre.

« En la comparant à ce qu'elle était devenue à l'étranger, spécialement en Allemagne et aux États-Unis, on constate que la situation chez nous était peu florissante. Depuis plus de 30 ans, la Construction Mécanique en France n'avait pas fait de progrès bien notables, sauf dans les branches nouvelles des automobiles et des aéroplanes, et en partie aussi dans celles des machines de filatures et des locomotives pour voies normales.

« A quelles causes faut-il attribuer cette fâcheuse stagnation ?

« On a incriminé le tarif douanier de 1910,

1. Le rapport de M. Rateau a été d'ailleurs repris dans le rapport général sur l'Industrie française présenté par M. le Ministre du Commerce à M. le Président du Conseil. Nous en donnons un extrait en annexe. (Annexe VI.)

qui, très certainement, a trop négligé cette branche essentielle de notre Industrie nationale. Et, en effet, depuis l'établissement de ce tarif, il s'est produit un accroissement rapide des importations. Le graphique que nous empruntons à un travail de l'Union Minière et Métallurgique le montre nettement.

« Mais l'insuffisance des tarifs douaniers n'a joué, en réalité, qu'un rôle secondaire : l'élévation rapide des importations est en fait antérieure à l'année 1910. Elle remonte à peu près à 1897[1], quoique les tarifs des douanes soient restés les mêmes, sensiblement, pour la Métallurgie d'une part, et pour la Mécanique, d'autre part, depuis 1881.

« Il faut chercher ailleurs la cause principale.

« Les constructeurs eux-mêmes la voient dans les prix relativement élevés sur les marchés français des matières premières qu'ils emploient, surtout des fontes et des aciers, et ils font remarquer que si les étrangers sont, à cet égard, mieux partagés que nous, cela tient au tarif des douanes sur les fontes, fers et aciers qui protège fortement notre production nationale.

« Cependant on se rend compte aisément que cette raison, quoique sérieuse, n'est pas encore suffisante pour expliquer l'envahisse-

1. Le sommet de la courbe des importations en l'année 1900 a été occasionné évidemment par l'Exposition Universelle. Nous n'avons pas à faire état de cette perturbation toute momentanée.

ment de notre marché par les constructeurs étrangers.

« Une majoration de 25 pour 100 sur les matières brutes n'augmente le prix de revient des machines que de 5 à 7,5 pour 100. Tel est l'ordre de grandeur du tribut que le constructeur paye au Métallurgiste, du fait du tarif douanier. C'est assurément loin d'être négligeable.

« Si nos constructeurs se laissaient évincer largement sur leur propre terrain, c'est qu'il y avait d'autres motifs plus graves.

« N'hésitons pas à reconnaître que la raison profonde de l'état stationnaire de l'Industrie mécanique, c'était plutôt l'inertie de l'esprit d'initiative chez beaucoup de chefs de cette industrie. Par prudence excessive, mal informés peut-être des progrès réalisés à l'étranger, retenus par des craintes sur l'avenir, cantonnés dans un particularisme par trop étroit, ils hésitaient à se grouper pour un but commun, à s'engager dans des voies nouvelles, et même à faire quelque sérieux effort pour rénover leur outillage et leurs procédés, et pour étendre leurs affaires. Par exception, le voulaient-ils, que tout encouragement des Pouvoirs Publics, toute aide financière des banques leur faisaient généralement défaut.

« L'affaiblissement de l'esprit d'entreprise n'est pas récent. Il y a 20 ans que nous l'avons déjà signalé. Au cours d'un travail sur les tur-

R. PINOT. — Comité des Forges.   5

bo-machines, inséré dans la *Revue de Mécanique* de février 1898, nous disions :

« La part des Ingénieurs et savants français, « dans les progrès accomplis (sur les turbines « hydrauliques), est devenue presque nulle.

« La pratique, la théorie, les essais de « machines hydrauliques, où nous étions « autrefois les maîtres incontestés, sont main- « tenant trop délaissés et les peuples étran- « gers nous ont devancés.

« Comment se fait-il que ce mouvement, « jadis si intense et si utile aux intérêts de notre « pays, se soit peu à peu ralenti et se trouve « presque arrêté? Pourquoi l'industrie des tur- « bines s'est-elle transportée à l'étranger aux « États-Unis, en Allemagne, en Suisse, où elle « est devenue des plus florissantes? Par quel « concours de circonstances avons-nous été « amenés à cette situation étrange de voir « installer sur nos chutes d'eau des turbines « achetées en Suisse, d'emprunter à l'Amérique « les modèles des turbines que nous construi- « sons encore?

« Les faits sont malheureusement patents; « ils ont été démontrés notamment dans la « série de nos Expositions Universelles. Il « serait du plus haut intérêt d'en rechercher « les causes, de scruter les phénomènes « sociaux et autres qui ont conduit à ces résul- « tats déplorables. »

« Cette constatation attristante de M. le

Prof. Hirsch (*Bulletin de la Société d'Encourage-ment*, novembre 1896) à laquelle nous croyons devoir nous associer, n'est malheureusement pas particulière aux moteurs hydrauliques. Elle peut être faite également pour plusieurs des branches de la mécanique appliquée. Il semble que nous nous sommes laissés distancer sur ce sujet, et par les Américains, et surtout par le peuple allemand, qui marche dans la voix du progrès avec une rapidité déconcertante. Ce serait une grande erreur, à notre avis, de ne pas s'en émouvoir. Sans doute, il est temps encore d'étudier les causes de cette situation et d'y porter remède; cependant si nous n'y prenons pas garde, et si nous ne nous hâtons pas pour rattraper le chemin perdu, de réformer nos habitudes, l'effort à faire deviendra considérable. »

Et M. Rateau indiquait toutes les réformes que l'industrie de la construction mécanique devait opérer chez elle-même, si elle voulait redevenir une grande industrie française.

La première, suivant lui, consistait à améliorer et à développer notre enseignement technique supérieur, emprisonné dans des méthodes surannées.

Il indiquait ensuite comme nécessaire la spécialisation des ateliers, l'uniformisation des machines, la concentration des fabrications dans un nombre minimum d'ateliers, la collaboration des hommes de science, le contrôle des fabrications et la création de grands laboratoires, la protection des inventeurs, etc., etc...

Bref, M. Rateau, prenant comme exemples les prodiges que certains grands ateliers de construction mécanique ont su réaliser pendant cette guerre, prodiges qui les ont classés hors pair, parmi les mieux organisés, les mieux outillés, les mieux dirigés d'Allemagne et des États-Unis, montrait quel champ superbe s'ouvrait pour l'activité et l'expansion françaises, si l'on voulait continuer l'effort fait pendant cette période.

Il est évident que cette transformation ne se fera pas, ne s'est pas faite, là où déjà elle est réalisée, sans laisser en arrière, sans faire disparaître les médiocres, les incapables, les gens de l'ancien régime. Leurs plaintes et leurs récriminations contre la Métallurgie n'y changeront rien. Peu à peu ils verront leurs ateliers se fermer, non pas parce que leurs produits sont trop chers, mais parce que n'ayant ni bureau d'études, ni bureau de dessin, ni outillage monté à la moderne, les machines qu'ils offrent sont de conception arriérée et de rendement onéreux.

La Métallurgie, malgré les charges qu'elle subit du fait du charbon, saura faire son devoir comme elle l'a déjà fait. Les Comptoirs qu'elle vient d'organiser, répartissant sur tous les producteurs le poids des sacrifices à consentir, permettront aux grands constructeurs d'aborder le marché de l'exportation. La pénétration, qui chaque jour s'accentue davantage entre la Métallurgie et la Construction mécanique, prouve bien que la Construction mécanique peut avoir la Métallurgie qu'elle mérite !

*
* *

Nous avons vu dans quelles conditions difficiles se trouvait la Métallurgie française au point de vue de son approvisionnement en matières premières.

Nous avons vu également dans quelles conditions, malgré ces circonstances défavorables, cette industrie s'est développée.

Il nous reste à indiquer combien la politique douanière adoptée par le Gouvernement, le fut à juste titre.

Nous avons montré que les Maîtres de Forges français, en 1913, payaient leur coke 29 francs en moyenne contre 24 francs en Belgique, 20 francs en Allemagne et 17 francs en Angleterre.

Nous avons vu également que la richesse de la Meurthe-et-Moselle en minerai de fer ne compensait pas l'élévation du prix du coke.

Il était donc de toute nécessité que le gouvernement cherchât à réduire l'avantage énorme des métallurgistes étrangers au point de vue du combustible par l'établissement d'un droit de douane sur la fonte. Ce dernier était avant la guerre de 15 francs par tonne au tarif minimum.

Si l'on veut bien tenir compte de ce que les frais de transport du coke surchargeaient d'environ 5 francs par tonne le prix de revient de nos usines les mieux placées, on constate que ce droit de 15 francs était une protection absolument justifiée.

En fait, elle était tout juste suffisante à cause de la pratique allemande du dumping. Chacun connaît, en effet, le jeu des primes que s'accordaient entre eux les industriels allemands, à partir des charbonnages, pour tous les articles d'exportation.

Grâce à ces primes, les Allemands pouvaient vendre à l'exportation moins cher qu'ils ne vendaient à l'intérieur. D'où, pour eux, la possibilité de concurrencer presque tous les pays du monde sur leur marché intérieur.

Cette conquête progressive des marchés leur était d'autant plus facile, que leur territoire était extrêmement riche en charbon et qu'ils avaient le combustible à très bon marché.

Le droit de douane sur la fonte était donc parfaitement justifié.

Remarquons d'ailleurs, dès maintenant, qu'il n'a jamais joué pleinement.

En 1913, dernière année normale ayant précédé la guerre, le prix de la fonte de mélange phosphoreuse était, pour le marché intérieur et au départ de l'usine, de 8 francs par 100 kilogs en France, alors qu'il était au même moment de

7 fr. 50 en Allemagne, d'où une différence de
0 fr. 50 qui correspondait seulement au 1/3 du
droit de douane (1 fr. 50 aux 100 kilogs).

Il est donc absolument inexact de prétendre
que, grâce au droit de douane, la Métallurgie
française ait pu majorer ses prix de vente au
détriment du consommateur.

Il n'a pas été davantage un oreiller de paresse
pour nos Maîtres de Forges puisque, nous
l'avons montré, la Métallurgie française a réalisé des progrès considérables de 1892 à 1910,
c'est-à-dire entre les deux dernières lois douanières.

En 1892, la Métallurgie possédait 107 hauts-
fourneaux et produisait 2 057 000 tonnes de
fonte.

En 1910, elle avait 120 hauts-fourneaux et
produisait 4 038 000 tonnes de fonte.

S'il est besoin de rappeler les données de
1913, indiquons qu'elle avait alors 131 hauts-
fourneaux et qu'elle avait produit 5 207 000
tonnes de fonte.

Pour l'acier, la progression avait été analogue : de 1 600 000 tonnes de fer et d'acier
produites en 1892, nous étions passés à un
peu plus de 5 millions de tonnes en 1913.

Aucun esprit impartial ne peut, par conséquent, soutenir que la Métallurgie est restée
stagnante, et ce à l'abri de la loi douanière.

Il convient en terminant, de faire ressortir
l'esprit de modération qui anima la Métallurgie

française lors de la revision de 1910. Dans le rapport remis par le Comité des Forges de France à la Commission des Douanes, les Maîtres de Forges ne demandèrent aucun relèvement du tarif de 1892 pour la masse de leur production. Ils ne se préoccupèrent pas davantage de demander des représailles pour répondre aux dommages que subissait l'industrie française par suite du remaniement effectué par un certain nombre de pays étrangers dans leur tarif douanier. Ils demandèrent seulement que certaines fabrications qui n'existaient pas en 1892, et notamment celle des aciers spéciaux, fussent protégées par des droits équivalents à ceux qui les auraient protégés si ces fabrications avaient existé en 1892, et que l'on fît disparaître certaines anomalies de notre tarif qui avait abouti, malgré la scrupuleuse attention de l'Administration des Douanes, à des résultats quelquefois contraires aux intérêts de notre industrie.

Le Comité des Forges, il convient d'insister sur ce point, estimant que le développement de la production métallurgique est lié à la prospérité de la Construction mécanique, soutint avec une entière solidarité les demandes présentées à la Commission des Douanes par la Construction mécanique. Il était persuadé en effet que, si on n'y portait remède, cette industrie était menacée de disparaître sous le flot croissant de l'importation étrangère.

« Le Comité des Forges, a dit à cette commission le rapporteur M. Jean Plichon, a joué le
rôle difficile de conciliateur des différents intérêts en présence, qui finirent par se mettre
d'accord par voie de transaction réciproque sur
un cahier commun de revendications où producteurs et consommateurs mirent en commun
leurs signatures ».

CHAPITRE III

La Métallurgie pendant la guerre.

Si l'on veut examiner et apprécier avec équité l'œuvre de la Métallurgie pendant la guerre, il faut se rendre compte de l'état où la mit la mobilisation, puis où la réduisit l'issue malheureuse des premières batailles.

Nous ne révélerons aucun secret intéressant la Défense nationale en rappelant aujourd'hui que personne dans ce pays n'avait prévu une guerre de longue durée. La Nation tout entière devait se lever, abandonner ses œuvres de paix, aller se ranger dans ses formations militaires et, en quelques mois, le sort de la guerre devait être décidé. D'ailleurs il s'en est fallu de peu qu'il n'en fût ainsi.

Le concours des usines qui produisent le métal, aussi bien que de celles qui le transforment, celui des ateliers de construction mécanique ne paraissaient pas utile, tant la guerre devait être courte; seuls quelques marchés dits de mobilisation, avaient été passés

avec des usines du Centre pour fournir aux
Établissements d'artillerie le métal nécessaire à la fabrication journalière de dix à douze
mille obus. Des sursis d'appel avaient été
accordés à quelques ouvriers et chefs de services nécessaires à cette production, et tous les
autres étaient partis pour rejoindre leurs régiments, laissant derrière eux les usines et les
ateliers de construction complètement désorganisés.

Cette désorganisation était beaucoup plus
grave dans les usines métallurgiques que dans
les ateliers de construction mécanique. Dans
ces usines, les ouvriers opèrent par équipes
composées de spécialités différentes les unes
des autres, mais qui se conjuguent entre
elles, si bien que l'on ne peut entreprendre un
travail quelconque, au haut-fourneau, aux
fours Martin, à l'aciérie, aux laminoirs, si
les équipes ne sont pas complètes.

On juge des troubles que la mobilisation
jeta dans ces usines. Ajoutez à cela que leurs
directeurs, ingénieurs, chefs de service, sor-
tant pour l'immense majorité d'Écoles spéciales : Polytechnique, des Mines, Centrale,
des Arts et Métiers, étaient partis dès les
premiers jours pour l'armée, où ils servaient
comme officiers de complément dans l'artillerie
et le génie.

Si bien que certaines usines, même les plus
éloignées du théâtre de la guerre, se virent

dans la nécessité d'éteindre leurs hauts-fourneaux et d'arrêter progressivement tous leurs
travaux, à mesure que la mobilisation dispersait
leurs équipes.

Le mal n'était, ne fut que passager, et toutes
les usines auraient pu être remises en marche,
si le sort malheureux des premières batailles
n'était venu priver la Métallurgie, et par elle la
France, des plus importantes et des plus puissantes de ses usines, et des plus riches et des
plus productifs de ses charbonnages.

Si l'on veut bien considérer la ligne du front,
telle que les batailles de la Marne, de l'Aisne
et la course à la mer l'établirent dès la fin de
1914 et telle qu'elle resta jusqu'à l'offensive
libératrice du Maréchal Foch en juillet 1918,
on verra que les régions occupées par l'ennemi
privèrent la Défense nationale de 64 pour 100
de la production française en fonte, et de
62 pour 100 de la production en acier [1]. En
fait, sur 170 hauts-fourneaux fonctionnant lors
de la déclaration de la guerre, 85 tombèrent
entre les mains de l'ennemi, le même sort

1.	Fonte		Acier	
	Total	%	Total	%
Production totale de 1913.	5 207 000	100	4 686 000	100
Production des usines si- tuées en territoire en- vahi.	3 336 000	64	2 827 000	60
Production des usines si- tuées sur le reste du territoire	1 871 000	36	1 859 000	40

frappa 48 fours Martin sur 164, 53 convertisseurs sur 100[1].

Au point de vue de l'élaboration du métal,
nous conservions les deux tiers de nos moyens
de production d'acier Martin et le quart seulement de nos moyens de production aux convertisseurs.

Et pour préciser complètement le rendement
que l'on pouvait espérer des moyens de transformation, de l'outillage des aciéries qui nous restaient, voici les chiffres en pourcentage sur la
production totale française d'avant guerre, qui
indiquent leur production :

Rails . . . . 46,7 %
Aciers marchands. 48,5
Poutrelles. 28,3
Profilés autres.. 27,2
Tôles. 35
Pièces de forge.. 68,7
Moulages d'acier 51,3
Fers-blancs 100

Il faut remarquer que si la France, atteinte
à ce point de vue beaucoup plus cruellement
que les autres belligérants, le resta jusqu'à la
fin de la guerre et le demeure encore aujour-

1. La production officielle provisoire de fonte et d'acier
en France a été pour 1914 (chiffres de la Direction des
Mines) :

	1er sem. 1914.	2e sem. 1914.	Total.
Fonte	2 449 000	240 100	2 689 100
Acier fondu. .	2 229 000	357 000	2 586 000

d'hui, tous les autres pays, dès qu'ils entrèrent en lutte, sentirent immédiatement, par une baisse de leur production métallurgique, l'arrêt subit de toutes les industries qui emploient le métal pour les besoins civils du pays[1].

Mais lorsque les réserves de munitions constituées pour une guerre de courte durée commencèrent à se vider avec une extraordinaire rapidité aussi bien en Allemagne qu'en France, lorsque, avec les premières tranchées, on eut l'impression que la guerre allait changer d'allure, on se mit des deux côtés de la ligne de feu à fabriquer coûte que coûte des munitions et du matériel d'artillerie. Il sera curieux de savoir un jour, par le détail et par des chiffres précis, quel fut l'effort allemand, comment il fut ordonné, et les résultats qu'il donna, alors que l'Allemagne avait conservé tous ses moyens et détenait une partie des nôtres. La France n'aura pas, nous le croyons, à rougir de son œuvre, ni de ceux qui l'organisèrent et l'accomplirent.

Ce fut à Bordeaux, à la séance du 20 septembre 1914, que le problème du métal se posa

---

1. *Fonte*

Angleterre	Baisse de production de 13			0/0
Allemagne-Luxembourg	—	—	—	— 25,85 —
États-Unis	—	—	—	— 24,65 —

Acier

Angleterre	Augm. de production de 2,2			0/0
Allemagne	Baisse —	—	—	— 21 —
États-Unis	—	—	—	— 24,9 —
Autriche-Hongrie . . .	—	—	—	— 19 —

dans toute son ampleur. Le Ministre demandait à ce qui restait de l'industrie française, de faire 100 000 obus de 75 par jour. Ces 100 000 obus forés dans la barre, puisque les presses à forger n'existaient pas encore, représentaient 1200 tonnes de barres d'acier, et cet acier il fallait le produire, ces barres il fallait les laminer, les forger.

On commença par emprunter aux Établissements de l'artillerie les lopins qu'ils possédaient en réserve pour faire partir la fabrication des obus, puis on remit en marche toutes les aciéries qui, en territoire libre, étaient plus ou moins arrêtées, alors même qu'elles n'avaient jamais produit de métal de cette qualité, puis on alla chercher du métal en Grande-Bretagne.

Lorsque nous retracerons les initiatives que le Comité des Forges crut devoir prendre pendant la guerre, pour répondre à la confiance que le Gouvernement avait mise en lui, nous dirons quelle fut la besogne qu'il accomplit pour aider les usines à reprendre leur activité, pour les munir de leur personnel, de leurs cadres, de leurs ouvriers, alors que tous les Chefs de dépôts, l'armée elle-même, et surtout l'opinion publique, n'admettaient pas ces retours à l'arrière. Avec plus ou moins de difficultés, tout cela se fit, les Usines métallurgiques des territoires libres purent recommencer à produire du métal; mais quand bien même ces usines auraient, dès les premiers jours, donné leur plein, et l'eussent maintenu tout le long de la guerre, leur production eût été notoirement déficitaire.

Il fallait donc parer à ce déficit!

Trois moyens paraissaient s'offrir pour cela:

Un moyen militaire : reprendre les territoires occupés et notamment le bassin de Briey;

Un moyen industriel : agrandir les usines métallurgiques, en créer de nouvelles;

Un moyen commercial : se procurer autant qu'on le pourrait du métal à l'étranger.

★
★ ★

Il ne serait pas exact de dire que ceux-là même qui, comme M. Engerand, ont le plus discuté la question de Briey, ont envisagé cette opération militaire comme capable de nous restituer des usines dont nous avions si grand besoin. Ils l'ont plutôt présentée comme devant être opérante, en cela surtout, qu'elle aurait privé nos ennemis de ressources métallifères et des moyens de production, sans lesquels, disent-ils, les Allemands n'auraient pu continuer la guerre.

Si l'attaque de cette région n'a pas eu lieu, M. Engerand, dans ses écrits et dans son discours à la séance du 31 janvier 1919, en impute la responsabilité à une intervention d'une personnalité qui, mettant son intérêt au-dessus de celui de la France, aurait pesé sur le G. Q. G. pour empêcher la destruction des usines et des mines de cette région. Inutile de dire que la personnalilé ainsi visée, personne ne la connaît. Déjà *l'Œuvre* avait soulevé cette question à propos d'articles parus dans *le Temps*, et avait fait à ce sujet, sans qu'on sût pourquoi, campagne contre le Comité des Forges.

Puisque cette question de Briey paraît être, et dans la façon dont elle a été posée devant la Chambre, et dans le développement qu'elle a pris devant la Commission d'Enquête, surtout et avant tout une affaire politique, et même plus exactement une affaire politico-militaire, on comprendra que nous nous abstenions d'en parler et que nous nous contentions de repro-duire la lettre que le Comité des Forges de Meurthe-et-Moselle a écrite à ce sujet à M. le Président du Conseil, le 30 avril 1917 :

MONSIEUR LE PRÉSIDENT,

Les membres du Comité des Forges et Mines de fer de Meurthe-et-Moselle qui se trouvent en dehors des territoires envahis par l'ennemi ont cru devoir jusqu'à présent, par un sentiment de réserve patriotique, se tenir à l'écart des discussions qu'a soulevées la question du bassin de Briey.

Mais puisque certains, estimant que la guerre

serait déjà terminée si nos armées avaient repris ou détruit le bassin de Briey, en arrivent à l'heure actuelle jusqu'à insinuer que, parmi les causes qui s'opposent à cette action, il faut compter les influences des Maîtres de Forges lorrains, nous croyons devoir rompre le silence. Aussi, après en avoir délibéré entre nous, avons-nous estimé qu'il convenait que nous vous apportions notre protestation émue et indignée, assurés que nous sommes que notre vénérable Président et tous ceux de nos confrères qui, depuis le début de la guerre, sont restés comme lui en pays occupé et ont souvent payé par la déportation et l'emprisonnement l'aide et le réconfort qu'ils donnent à leurs malheureuses populations ouvrières séparées depuis bientôt trois ans de la mère-patrie, nous feraient un grave reproche de n'avoir pas rappelé à ceux qui semblent l'ignorer comment les Maîtres de Forges lorrains comprennent leur devoir de Français.

Nous n'en finirions pas si nous voulions rectifier toutes les erreurs qui ont été produites — de bonne foi, nous n'en doutons pas — sur la question du bassin de Briey.

— Erreur géologique : prenant la partie pour le tout, on a donné le nom de bassin de Briey, fragment de la partie française du gisement lorrain-luxembourgeois, au gisement tout entier. On a ainsi laissé ignorer au public que la partie de ce gisement située en Luxembourg et en Lorraine annexée, défendue par les canons des camps retranchés de Metz et de Thionville, produit à elle seule plus de 28 millions de tonnes de minerai de fer par an (exactement 28 469 000 tonnes en 1913), alors que la partie française occupée par l'ennemi ne produit en temps normal que 18 millions de tonnes. Ainsi inexactement documenté, le public ne s'est pas rendu compte que c'est cette partie lorraine-luxembourgeoise qui alimentait en temps de paix la sidérurgie allemande, et non point, comme on l'a tant de fois prétendu, le bassin de Briey qui ne fournissait que 4 pour 100 du minerai consommé par les usines d'outre-Rhin (1 500 000 tonnes sur une consommation de 38 millions de tonnes). C'est encore cette partie lorraine-luxembourgeoise qui assure à l'heure actuelle, pour la plus grande part, le plein rendement des usines métallurgiques allemandes.

— Erreur économique : on a reproché aux Maîtres de Forges d'avoir établi leurs usines sur le gisement métallifère situé en bordure de la frontière, comme si les conditions inéluctables résultant des transports et de la concurrence économique permettaient à l'industrie métallurgique de s'établir où bon lui semblerait, loin du minerai et du charbon, dans les plaines et les montagnes du centre de la France.

— Erreur statistique : on a accusé l'industrie métallurgique française d'avoir restreint volontairement sa production, d'avoir pratiqué le malthusianisme économique. La vérité est que l'industrie métallurgique française a doublé sa production de fonte en dix ans (la faisant passer de 2 500 000 tonnes en 1903 à 5 millions de tonnes en 1913), et qu'elle allait, par les installations en voie d'achèvement, augmenter cette production de 1 million de tonnes en 1915. La vérité est que, ni les États-Unis, ni l'Angleterre, ni même l'Allemagne, ne sont parvenus, dans la même période décennale, à doubler ainsi leur production.

Nous n'irons pas plus avant dans cette tâche éminemment ingrate. Quant aux raisons qui ont fait que nos malheureuses régions sont restées avant la guerre sans défense militaire, on conviendra aisément que nous n'avons eu ni à les discuter, ni à les connaître.

Nous ne rappellerons pas que, dès le début des hostilités, nous avons toujours fourni aux états-majors de nos armées tous les renseignements que nous possédions sur nos usines; il nous suffira de dire que les seules cartes qui existent aujourd'hui, donnant au point de vue métallurgique et minier les détails les plus précis sur ces régions, ont été dressées depuis le début de la guerre par les soins du Comité des Forges de France sur les indications et les documents que nous lui avons fournis.

Les premiers exemplaires de ces cartes ont été immédiatement envoyés au général en chef et au commandant des armées de l'Est et nous ont valu de leur part des remerciements pour l'envoi de documents « du plus grand intérêt et qui seront, le moment venu, d'une haute utilité ».

Aussi, nous contenterons-nous de vous déclarer une fois de plus, monsieur le Président, que nos canons et nos avions peuvent détruire nos usines et nos mines, nous serons les premiers à nous incliner devant cette nécessité si le sacrifice de nos biens peut amener une heure plus tôt la victoire et l'écrasement de l'ennemi héréditaire qui, depuis près d'un demi-siècle, tient captive la moitié de notre patrie lorraine. Nos confrères et les populations restées entre les mains de l'ennemi ont l'âme assez française pour envisager de pareilles éventualités, quelles qu'en soient les conséquences.

Nous autres, gens des Marches lorraines, nous sommes habitués de longue date à voir notre pays foulé aux pieds par l'ennemi et ce n'est pas la première fois qu'il se sera sacrifié pour protéger dans la grande Patrie française les heureuses provinces qui, depuis des siècles, n'ont jamais connu les horreurs de l'invasion.

Mais ce que nous ne saurions supporter plus longtemps, c'est que des compatriotes appartenant à des régions plus heureuses mettent en suspicion notre patriotisme : nous ne doutons pas du leur, nous entendons que le nôtre soit respecté.

Il ne faudrait pas qu'en présentant le bassin de Briey comme le principal réservoir dont l'Allemagne tire toute sa force militaire, alors que les usines métallurgiques françaises non seulement sont arrêtées mais encore complètement démantelées, on assurât, sans le vouloir, la préservation de cette autre partie du bassin lorrain, de ces mines et de ces usines, de capitaux et de personnel allemands, situées en territoire annexé et qui, à l'heure actuelle, travaillent à plein rendement pour l'armée allemande.

Veuillez agréer, monsieur le Président, l'assurance de notre haute considération.

Pour le Comité des Forges et Mines de fer de Meurthe-et-Moselle

Les Membres du Bureau en territoire libre :

Ont signé :

Th. LAURENT, VILLAIN, SÉPULCHRE, FOULD.

Après la publication de cette lettre, qui réglait définitivement cette question au point de vue de la Métallurgie, la campagne s'arrêta ;

si elle reprit en 1919, ce fut pour des motifs auxquels la Métallurgie était complètement étrangère.

D'ailleurs, puisque c'est de la production du métal en France pendant la guerre qu'il s'agit ici, nous devons ajouter que si la bataille avait eu lieu dans ces régions, elle aurait amené ce que le bombardement par avions n'a su faire, et que seule la main des Boches a su accomplir : la destruction complète des usines de Meurthe-et-Moselle.

*
* *

D'autres moyens, les seuls praticables à ce moment, se présentaient pour accroître la production de métal : la construction de nouveaux hauts-fourneaux et celle de fours Martin; le fonctionnement à plein des appareils existants.

Nous allons examiner successivement ce qui a été fait dans ces différents ordres d'opérations.

Le renvoi à l'intérieur des premiers ouvriers spécialistes des usines sidérurgiques et des houillères permit de maintenir à feu et de rallumer successivement 20 hauts-fourneaux (le quart de ceux qui nous restaient), et ce premier résultat fut atteint dès juillet 1915; dans le 2e semestre de la même année, 20 autres appareils étaient allumés et une dizaine prêts à entrer en service. On remit même en activité certains appareils qui étaient restés inactifs depuis plusieurs années pour des raisons diverses, notamment à cause du coût élevé du prix de revient de leur production.

Quand on connaît la complexité de ces opérations, quand on a vu fonctionner les services annexes et les installations multiples qui concourent à la marche de ces appareils : monte-charges, machines soufflantes, pompes, appareils de chauffage au vent, générateurs de vapeur ou d'électricité; quand on se rend compte des nécessités d'approvisionnement qui, pour un haut-fourneau de 100 tonnes, qui est un appareil déjà faible, exigent l'apport journalier de plus de 400 tonnes de matières premières, on se rend compte de la complexité du problème qu'il y eut alors à résoudre.

On examina en même temps, ce qu'on pouvait faire pour tirer le meilleur parti des installations qui étaient en voie de construction au moment de la déclaration de guerre, et que celle-ci avait complètement arrêtées.

La Société des Hauts-Fourneaux de Rouen, qui avait été prévue pour la fabrication des fontes spéciales, reprit activement ses travaux, et après avoir construit, en 1916, 120 fours à coke, commença en janvier 1917 l'édification de 2 hauts-fourneaux de 250 tonnes et les alluma en avril 1918.

Une semblable impulsion était donnée, grâce à l'action de MM. Schneider et Cie, aux travaux de l'Usine de Caen; sa première batterie de 42 fours à coke commença à produire en janvier 1917, et ses 2 hauts-fourneaux capables de produire 400 tonnes par 24 heures furent prêts et mis à feu en 1917 et 1918.

Tous les Métallurgistes ne furent pas d'accord sur l'opportunité de la réorganisation de cette affaire. Certains estimaient que l'usine ne serait pas prête à l'heure dite et qu'il était préférable de porter les efforts du personnel et le tonnage des matières premières, qui étaient nécessaires pour poursuivre cette construction, sur des agrandissements des usines existantes.

L'accord n'ayant pu s'établir entre les partisans des deux opinions, ils s'en expliquèrent devant le Gouvernement qui prit une décision ; et les Hauts-Fourneaux de Caen donnèrent, un peu plus tard qu'on ne l'avait prévu, une production intéressante. En tout cas, leur achèvement, qui constitua, tout autant que celui des hauts-fourneaux de Rouen, un véritable tour de force, montra combien la construction de pareils appareils, qui est[1] déjà longue et com-

---

1. Construction d'un haut-fourneau produisant 400 tonnes par jour.

Matières premières nécessaires :

Fonte	1 950	tonnes
Acier	4 600	—
Bronze	50	—
Briques rouges	1 800	—
Briques réfractaires	5 200	—
Béton	12 500	—
Divers	120	—
Total	26 220	tonnes

Temps nécessaire à la construction : 600 000 heures.
Ce chiffre comprend seulement le temps nécessaire à la

pliquée en temps de paix, est une œuvre difficile en temps de guerre, et il prouva que les
efforts que nous pouvions faire de ce côté pour
développer la production de métal, étaient
étroitement limités.

Quoi qu'il en soit, les Maîtres de Forges
peuvent-ils être suspectés d'avoir insuffisam-
ment développé leurs moyens de production,
lorsque l'on constate que la capacité de
production des hauts fourneaux existants et
susceptibles d'être mis en service, n'a été,
au cours de la guerre, malgré tous leurs
efforts, qu'incomplètement utilisée ? Or, le fait
ne concerne pas seulement les appareils trop
voisins de la ligne de feu pour que l'apport
des divers approvisionnements pût y être
assuré de façon suffisamment régulière ; il
s'applique aussi aux installations de la zone
de l'intérieur.

En rapprochant les tonnages obtenus de
ceux qui auraient pu être réalisés, on constate,
en effet, que le rapport de la production réalisée à la production possible[1] est :

100 % en 1916
72 % en 1917
56 % en 1918

Les causes qui ont produit pareil résultat

mise en œuvre, au montage et à l'assemblage des matériaux réunis à pied d'œuvre.
1. Voir graphiques en appendice. (Annexes VII à XII.)

sont connues : ce sont l'insuffisance de main-d'œuvre, le manque de combustible et la crise des transports. L'examen des archives des Services intéressés des Ministères de la Guerre et de l'Armement permettra de se convaincre des nombreuses démarches faites auprès d'eux par les industriels, pour leur exposer tous les obstacles qui les empêchaient de suivre leurs programmes de fabrications : rappel de certaines catégories d'ouvriers, retrait de prisonniers, insuffisance du nombre de ceux qu'ils recevaient, crise de combustible, arrêt des transports, etc.

La question de notre approvisionnement en coke métallurgique prenait une acuité particulière du fait de l'occupation des houillères du Nord et du Pas-de-Calais, de la guerre sous-marine et des disponibilités de houille que l'Angleterre consentait à nous accorder. Elle devait avoir une répercussion toute spéciale sur les usines produisant les fontes. On a pu constater une fois de plus que faute de combustible il ne sert à rien d'avoir des Usines. Au cours d'un recensement effectué à l'automne de 1917, il fut établi que la pénurie de coke laissait 16 hauts-fourneaux inutilisés, tandis que les minerais de fer s'accumulaient sur le carreau des mines de Normandie et du bassin de Nancy.

Signalons en passant l'effort mené parallèlement par des Sociétés Houillères et Métallurgiques pour accroître notre productivité de coke métallurgique. Les fours construits depuis 1915 devaient permettre de compter, à l'heure actuelle, sur la fourniture annuelle de 3 200 000 tonnes de coke, augmentant ainsi de 76 pour 100 nos ressources disponibles en fin 1914. Mais ces fours, il fallait les alimenter !

La crise des transports, en paralysant presque complètement le trafic, quand elle ne le suspendait pas, devait avoir une répercussion directe sur le fonctionnement d'une industrie qui, pour son approvisionnement en matières premières, minerais, combustibles, produits réfractaires, exige la réception de tonnages particulièrement importants. La surcharge de nos voies ferrées s'est manifestée de façon ininterrompue à partir de novembre 1917, à la suite des opérations militaires d'Italie et des offensives de 1918 ; il est à remarquer que c'est à dater de la même époque que la production mensuelle de la fonte a cessé de suivre une courbe continuellement ascendante et qu'elle a commencé à décliner.

Fonte synthétique. — Nous ne voudrions pas en finir avec cette question de la fonte sans nous arrêter à la production des fontes synthétiques. Celle-ci consiste, on le sait, à traiter de l'acier au four électrique pour lui incorporer une quantité supplémentaire de carbone et réobtenir de la fonte. Il y avait là, en vue de ne

pas perdre de métal, une utilisation intéressante des quantités importantes de déchets et
de tournures d'acier dont on disposait.

Ce procédé, en permettant d'obtenir des
fontes aciérées extra résistantes, était en outre
tout indiqué pour la fabrication des projectiles.
Il fut appliqué d'abord aux usines de Livet,
puis dans d'autres Établissements possédant
des fours électriques ; dès le milieu de
l'année 1916 il fonctionnait de façon pratique
et permettait de réaliser une production mensuelle moyenne de 7 500 tonnes. Rapporté à la
production de fonte au coke, ce chiffre est évidemment modeste, il n'en représente pas moins
un beau succès. La mise au point de la fabrication de la fonte synthétique fut réalisée sous la
direction de M. Keller, l'un des créateurs de
l'électro-métallurgie française, qui fit spontanément abandon à l'État des brevets qu'il avait
pris dès l'année 1908.

* * *

La solution du problème, en ce qui concerne la fabrication de l'acier, ne comportait
pas les mêmes difficultés d'ordre technique et
pratique.

Une aciérie Martin ou une aciérie Thomas
représente une installation beaucoup moins
importante qu'un haut-fourneau ; sa construction met en œuvre une quantité moindre de
matériaux, n'exige pas les mêmes travaux ni

des appareils de service aussi compliqués[1]. La consommation de combustible est notablement réduite par tonne de métal produit.

Enfin, au point de vue de l'alimentation en matières premières et en produits d'entretien, les tonnages à transporter sont moindres : ils peuvent être évalués à tout au plus deux fois le poids d'acier élaboré. Les résultats pouvaient donc être plus importants que pour la fonte et ils l'ont été effectivement[2]. En décembre 1915, les 9/10 des appareils disponibles étaient en service. L'accroissement relatif du nombre des appareils de production dans la période 1914 à 1919 doit être évalué à :

Fours Martin. . . . . 100 %
Convertisseurs 102
Fours électriques 90
Fours à creusets 105

1. Construction d'un four Martin de 25 à 30 tonnes.

Matières premières nécessaires.

Fonte.	200	tonnes
Acier.	960	—
Bronze	20	—
Briques rouges.	1 320	—
Briques de silice.	1 190	—
Divers . . . . :	30	—
Total.	3 720	tonnes

Temps nécessaire au montage : 158 000 heures.

Ce chiffre comprend seulement le temps nécessaire à la mise en œuvre, au montage et à l'assemblage des matériaux réunis à pied d'œuvre.

2. Voir en appendice la statistique des Fours Martin, en France, de 1914 à 1919. (Annexe XIII.)

ces chiffres comprenant les appareils en construction dont l'entrée en service était prévue pour fin 1919. La mise en œuvre des moyens nouveaux, construction de fours, adaptation de fours de verrerie, figurant aux programmes de constructions de guerre, venant s'ajouter aux moyens existant en 1915, devait nous assurer un accroissement de capacité de production de 100 pour 100 par rapport à 1914.

Une mention spéciale doit être faite de l'accroissement des fours à creusets et des fours électriques à acier; notre Métallurgie du Centre et les Usines électro-métallurgiques du Dauphiné, qui se sont depuis longtemps acquis une réputation justement méritée dans cette nature de fabrication, entendaient naturellement mettre leur expérience au service de la Défense Nationale, en lui fournissant les quantités particulièrement importantes d'aciers fins qu'elle réclamait. Le nombre des appareils prévus dans les programmes de construction était égal au nombre des appareils disponibles à la fin de 1914 : par suite de leurs dimensions plus grandes, on peut admettre qu'ils auraient permis d'obtenir annuellement 60 000 tonnes d'acier au creuset et 66 000 tonnes de lingots d'acier électrique, alors qu'en 1913 il a été produit en France 24 000 tonnes d'acier au creuset et 21 024 tonnes d'acier électrique.

En l'espace de quatre ans et en pleine guerre, dans un pays soumis à l'invasion et privé de

ses principaux centres industriels, la Sidérurgie française se mettait donc en mesure de
fournir un tonnage double d'acier. Qu'il suffise,
pour permettre de mesurer l'importance d'un
tel résultat, de signaler qu'il a fallu 9 années,
de 1904 à 1913, aux États-Unis et à l'Allemagne, dont l'essor métallurgique est souvent
cité en exemple, pour atteindre un accroissement de pareille importance.

Le Comité des Forges collabora, dans la
mesure de ses moyens, à l'œuvre de nos
Maîtres de Forges.

Il s'employa à procurer aux aciéries les produits réfractaires nécessaires au montage des
fours en s'entremettant auprès des fabricants
pour leur faire rouvrir leurs usines et leurs
exploitations, leur faire attribuer la main-
d'œuvre et le combustible nécessaires pour
tirer parti des disponibilités que l'on pouvait
trouver chez eux, ou, enfin, en plaçant en
Angleterre le surplus de commandes que notre
Industrie des produits réfractaires n'était pas
en mesure de prendre, malgré l'accroissement
de ses possibilités de fabrication.

Il faut aussi noter ici en passant que, lorsque
la recrudescence de la guerre sous-marine
amena le Gouvernement à envisager les
mesures qu'il convenait de prendre si les
tonnages d'acier que le Ministère de l'Armement avait achetés aux États-Unis ne pouvaient
être transportés, ce fut au Comité des Forges

que le Ministre de l'Armement s'adressa pour
lui demander de provoquer, en plus des exten-
sions qui se poursuivaient dans les usines, la
création d'une puissante aciérie Martin dans la
grande banlieue parisienne.

Répondant à l'appel du Ministre, après s'être
assuré le concours de toutes les grandes
Sociétés Métallurgiques, le Comité des Forges
réunit en 8 jours le capital nécessaire, évalué à
40 millions, négocia et obtint les options pour
les terrains, mit au point les plans de la nouvelle aciérie et s'assura le personnel technique.
On sait que si ce projet fut abandonné, ce fut
parce qu'après un examen plus approfondi de
l'affaire, le Sous-Secrétaire d'État estima que,
dans les circonstances d'alors, il valait mieux
porter l'effort qu'il pouvait faire en matériaux,
en main-d'œuvre, en matières premières et en
combustible, sur les agrandissements des
usines existantes. Il tint, d'ailleurs, à remercier
les adhérents du Comité qui, en répondant
aussi rapidement à son appel, avaient témoigné
de leur désir de coopérer par tous les moyens
à l'œuvre de reconstitution [1].

Ainsi que cela s'était produit pour la fonte,
les disponibilités de productions réalisées pour
l'acier ne devaient pas être, et pour les mêmes
raisons, pleinement employées : leur degré

1. Voir en appendice la correspondance échangée à ce
sujet entre le Comité des Forges et le Ministère de l'Armement. (Annexes XIV et XV.)

d'utilisation est de 94 pour 100 en 1916, de 74 pour 100 en 1917 et de 59 pour 100 seulement en 1918.

Malgré cela, nous arrivions au point de vue de la production aux résultats suivants :

	1913	1917	1918 [1]
Acier Martin	1 582 000	1 499 000	1 313 000
— au convertisseur	3 059 000	639 000	396 000
— au creuset. . . .	24 000	40 000	42 000
— électrique. . . .	21 000	54 000	58 000

En acier Martin, nous obtenions à peu près la production d'avant guerre ; elle eût été normalement dépassée en acier au creuset et en acier électrique ; elle était très notablement dépassée et presque triplée par ce dernier [2].

La réduction de la productivité, qui est allée constamment en s'aggravant, s'est justement produite alors que l'activité économique repre-nait et se développait en France. Tandis qu'en 1915, la demande se limitait presque uniquement

1. La production de décembre 1918 n'est pas connue exactement : on a admis qu'elle était égale à celle de novembre.

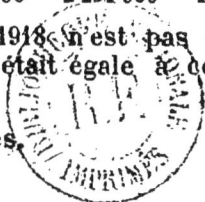

2. Les chiffres de production des trois dernières années sont :

	1913	1916	1917	1918
Coke métallur-				
gique.	4 027 000	1 679 000	2 195 000	1 966 000
Fonte.	5 207 000	1 447 000	1 684 000	1 289 000
Acier.	4 687 000	1 952 000	2 231 000	1 809 000

La production de décembre 1918 n'est pas connue exactement : on a admis qu'elle était égale à celle de novembre.

R. Pinot. — Comité des Forges.   7

au métal à obus ou à canons, il devenait nécessaire, dans les années suivantes, de fournir
des quantités croissantes d'acier de qualité
courante, et cependant la production diminuait.
Mais lorsqu'on est obligé de reconnaître que
parallèlement le labeur des sidérurgistes ne
s'arrêtait pas pour pouvoir produire toujours
davantage, et que cette situation anormale
était due à des raisons contre lesquelles ils
étaient impuissants, que reste-t-il des critiques
que des gens mal informés ou mal intentionnés
lancèrent contre leur œuvre pendant la guerre?

S'il est ainsi fait justice de ce reproche de
malthusianisme, peut-on encore prétendre que
les producteurs aient eu toute latitude de
vendre aux prix qui leur convenaient et d'avoir
fait monter ceux-ci de façon injustifiée?

On sait que le Ministère de l'Armement
avait subordonné à l'engagement de n'accepter
que les commandes qu'il autorisait, l'attribution de toutes les facilités que les Usines étaient
dans l'obligation continuelle de solliciter pour
se fournir de main-d'œuvre, de matières premières et de moyens de transport. Etant donné
les motifs impérieux qui dictaient l'établissement d'un régime en opposition pourtant si
profonde avec les habitudes de liberté et d'indépendance de notre pays, nos Établissements
furent cependant unanimes à l'accepter. Ils se
virent ainsi privés de la faculté de régler,
comme ils l'entendraient, leurs programmes de

fabrication et subirent fréquemment, de ce fait, des dépenses d'exploitation supplémentaires.

Lors de l'institution du contingentement, il fut décidé que les Forges satisferaient dans une proportion déterminée les besoins des Marchands de fer à des prix soumis à la ratification du Ministère de l'Armement : cette disposition, qui permettait d'établir pour la consommation privée des tarifs officiels, fut complétée par l'obligation de mentionner les prix nets de facture sur toutes les demandes de fabrication correspondant aux tonnages destinés à d'autres consommateurs que les marchands de fer. Ces demandes n'étaient examinées et acceptées qu'à cette condition expresse, et comme aucune commande n'était exécutée sans la délivrance de cette autorisation, il s'ensuit en définitive que les prix de la totalité de la production des forges françaises se trouvaient contrôlés. La Commission des Métaux avait institué un organisme spécial pour suivre cette question, et elle n'eût pas manqué de prendre les sanctions nécessaires contre ceux qui auraient voulu réaliser des prix de vente ne correspondant pas aux conditions de fabrication.

Qu'il s'agisse des quantités de métal que nos usines s'étaient mises en mesure de livrer, ou des prix auxquels ce métal était livré, on voit avec quelle légèreté des accusations furent lancées contre elles par des gens qui ne tenaient pas à être renseignés, alors qu'il leur eût été facile de l'être avec exactitude.

*
* *

Quel qu'ait été et quel que pût être le résultat de l'immense effort que nous venons de décrire pour accroître la production du métal, la privation de nos usines du Nord et de l'Est devait de toute façon obliger la France à s'approvisionner à l'étranger pour assurer ses fabrications. Dès la fin de 1914, le Gouvernement avait envoyé une mission en Angleterre pour y étudier l'achat de l'acier destiné à concourir à l'exécution du programme de fourniture des obus de 75.

Aux premiers temps de la guerre, le point délicat n'était pas de trouver en Grande-Bretagne les quantités de métal nécessaires, mais de l'avoir de la qualité requise pour la production des armements et des munitions. On se rappelle que le Gouvernement anglais, rebelle, comme l'opinion publique, à l'idée du service obligatoire et à la conscription, avait affirmé sa décision de pourvoir aux besoins matériels et à l'approvisionnement des Alliés, en conservant au commerce et à l'industrie de la Grande-Bretagne la même activité que par le passé. C'est ainsi qu'il comptait réaliser les ressources financières indispensables à la poursuite de la

guerre. Comment ce programme fut mis en
pratique, au début des hostilités, nous l'avons
montré en indiquant que la production d'acier
de 1914, en Grande-Bretagne, avait été légère-
ment supérieure à celle de 1913, alors que partout ailleurs, notamment en Allemagne, elle
avait accusé un recul appréciable.

Ainsi donc, aux premiers mois de la guerre,
l'achat de l'acier commun en Grande-Bretagne
n'offrit aucune difficulté ; point de formalités
spéciales à accomplir, point d'autorisations particulières à solliciter, point de justifications à
fournir ; la guerre sous-marine n'existait pas :
le fret n'était donc pas encore raréfié par la
réduction du tonnage global des flottes de commerce. Les particuliers pouvaient se fournir de
fonte et d'acier anglais à leur gré : ils pouvaient se constituer des stocks s'ils le dési-
raient.

Quelle était, à cette époque, la situation en
France au point de vue de la couverture des
besoins des consommateurs privés ? La vie économique était suspendue : les affaires et les
transactions étaient paralysées par le morato-
rium, les ateliers étaient absorbés par les commandes du Ministère de la Guerre. D'autre part,
les marchands de fer et les usines sidérurgiques
avaient encore des stocks de métal brut, susceptibles de pourvoir d'autant plus longtemps
aux besoins de la clientèle privée que les demandes étaient moins actives. On doutait même

que ces stocks fussent épuisés quand arriverait la fin de la guerre, que, dans les derniers jours de 1914, nul ne prévoyait encore devoir être aussi lointaine.

Cette situation explique les décisions prises par le Gouvernement à la suite des demandes de suspension de droits de douane, dont il fut saisi à cette époque.

En tout cas, ceux qui, malgré ces droits, auraient voulu acheter en Angleterre et constituer des stocks, le pouvaient; ils n'y auraient pas perdu. Que ne le firent-ils pas? Pourquoi les marchands de fer, dont c'est le métier, pourquoi les consommateurs, et en particulier le Syndicat des Mécaniciens, ne constituèrent-ils pas des bureaux d'achats à Londres? Ces bureaux auraient subsisté et travaillé pendant toute la durée de la guerre, ils auraient pu faire de larges profits; et quand plus tard le Gouvernement français dut, sur la demande du Gouvernement britannique, désigner un acheteur unique, l'un de ces bureaux aurait pu être choisi par le Ministre de l'Armement. Était-ce à la Métallurgie, dont l'immense majorité des établissements se trouvaient entre les mains de l'ennemi, à faire un métier qui n'est pas le sien, et qu'elle ne fit que sur la demande du Ministre, et parce que les intéressés ne le faisaient pas?

Au bout d'un certain temps, au début de 1916, la Grande-Bretagne constata que ses stocks baissaient et qu'il devenait nécessaire d'en surveiller l'écoulement. C'est alors qu'elle établit les licences d'exportation. De son côté, le Gouvernement français estima, devant le nouveau régime, qu'un contrôle devait être établi en vue d'éviter les importations inutiles ou d'importance secondaire au détriment de nos besoins réels les mieux définis : il institua les licences d'importation sur la plupart des produits, particulièrement sur la fonte et l'acier. L'achat de ces métaux en Angleterre était subordonné à la justification par le destinataire de leur utilité ; mais tout le monde avait le droit de demander et d'obtenir des licences.

Ce régime dura jusqu'en 1916 pour les fontes, jusqu'au 31 août 1917 pour les aciers.

La question de l'approvisionnement des usines sidérurgiques, travaillant pour la guerre, en métal importé, s'était posée au Comité des Forges et, à la demande du Ministre de la Guerre, il avait recherché s'il ne lui serait pas possible de faciliter à ses adhérents les opérations d'achat à l'étranger des produits qu'il semblait préférable de ne pas demander à nos usines.

C'est pour répondre à cet objet que le Comité créait à Londres, vers la fin de 1915, un bureau dont M. H. de Wendel voulut bien assurer la direction. Avec le concours d'un personnel compétent, M. H. de Wendel avait pour mission de faciliter aux usines françaises, adhérant au Comité des Forges, leurs achats en Angleterre, dans la mesure où elles jugeraient intéressant de recourir à son office. C'était, il convient d'insister sur ce point, une organisation purement bénévole, sans aucun caractère officiel, ouverte tout d'abord aux seuls membres du Comité des Forges et à laquelle ceux-ci restaient parfaitement libres de s'adresser ou de ne pas s'adresser. Son concours était gratuit ; elle ne prélevait pas de bénéfices, se contentant du simple remboursement de ses frais ; encore faut-il noter que le Directeur du bureau de Londres, aussi bien que le Secrétaire Général du Comité des Forges à Paris, qui assumèrent la responsabilité de ces Services, tinrent à ce qu'il fût entendu que leur concours était donné à titre absolument gracieux. Un des premiers résultats acquis par le Bureau de Londres fut d'obtenir en quelques semaines des Maîtres de Forges anglais la mise en marche de 5 hauts-fourneaux, dont la production fut réservée aux usines sidérurgiques qui venaient de recevoir la commande d'importants tonnages d'obus en fonte aciérée ; cette combinaison eut entre autres avantages celui de ne provoquer aucune hausse de la fonte sur le marché anglais.

Ce Service d'achats s'était assuré, pour son fonctionnement, le concours des services du Comptoir de Longwy et du Comptoir d'exportation des produits métallurgiques, qui servaient à Paris de correspondants au Bureau de Londres. Ces deux Comptoirs se trouvaient privés malheureusement de tout élément d'activité; il parut donc tout naturel à leurs Conseils d'administration de mettre à la disposition du Comité des Forges, pour ces tâches nettement définies, et pour leur seul accomplissement, leurs compétences et leur organisation.

Quelque temps après, à la demande même de M. le Ministre de l'Armement, le Comité des Forges accueillit au bénéfice de cette organisation tous les industriels travaillant pour la Défense nationale, qui estimèrent de leur intérêt d'avoir recours à lui plutôt qu'à d'autres intermédiaires; et ses services d'achats s'efforcèrent toujours de leur donner satisfaction, dans les mêmes conditions qu'aux adhérents du Comité. Pas plus vis-à-vis des premiers que des seconds, le Comité des Forges n'a entendu retirer et n'a retiré un bénéfice quelconque de son intervention.

Chaque acheteur, quel qu'il fût, recevait, avec pièces à l'appui, le détail des prix d'achat, du coût des transports, des assurances, des droits de douane, des taxes diverses ainsi que la quote-part des frais généraux qui lui incombaient.

Les services du Comité ne s'occupaient pas seulement, en effet, de rechercher des offres ou de placer des ordres; ils suivaient l'exécution et la livraison de ceux-ci, s'occupaient des transports aux points d'embarquement, recherchaient des frets, et assuraient les manutentions à l'embarquement et au débarquement. Agissant comme de simples particuliers, ils se heur taient aux mêmes difficultés et aux mêmes obstacles. Ceux qui n'ont pas assumé pareille tâche ne peuvent se douter de sa complexité et des difficultés presque insurmontables qu'il fallait résoudre chaque jour.

Cependant les besoins français allant tou- jours en augmentant, par suite de l'intensité sans cesse croissante des fabrications de guerre, la production nationale et les disponi- bilités anglaises ne permettaient plus d'y satis- faire. Le Gouvernement dut alors recourir au contingentement. Un organisme nouveau, la Commission interministérielle des Bois et Mé- taux, fut chargé d'examiner les demandes des Services publics et des particuliers, et de répar- tir entre les Ministères les disponibilités de métal d'après l'importance de ces demandes et leur degré d'urgence.

Sur ces disponibilités, un quantum était at- tribué aux Marchands de fer pour leur per- mettre de satisfaire aux commandes qu'ils rece- vaient de la clientèle, soit pour des travaux intéressant la Défense Nationale, soit pour des besoins purement civils.

Frappé de la difficulté que ceux qui avaient besoin de métal rencontraient pour s'en pro- curer, et sans avoir pénétré plus avant dans la recherche des causes qui amenaient cette difficulté, M. Engerand, député du Calvados,

crut la vaincre en déposant le 7 décembre 1916
une proposition de loi ayant pour objet de sus-
pendre pendant la durée de la guerre les droits
d'entrée sur les fontes, fers et aciers.

Dans son exposé des motifs qui, par les
inexactitudes et les erreurs qu'il contenait,
montrait combien M. Engerand avait été mal
documenté, l'honorable député déclarait que
« pour pouvoir intensifier notre construction
de matériel de guerre, il nous faut une matière
première abondante et sûre; le devoir est de
constituer des stocks en produits métallurgiques. On ne le pourra pas si l'on ne renverse
la barrière que les droits de douane dressent
contre cette entrée en masse. »

La Commission des Douanes de la Chambre,
après avoir convoqué et entendu successivement MM. Engerand et le Président du
Syndicat des Mécaniciens, Chaudronniers et
Fondeurs, le Comité des Forges, et les Ministres
intéressés, adopta le Rapport qui lui fut présenté par l'honorable M. Nérel.

M. Nérel, après avoir fait remarquer que la
Commission des Douanes n'avait pas, comme
l'y invitait M. Engerand, à examiner les critiques faites par lui soit au Gouvernement,
soit au Comité des Forges, déclarait que la
proposition de M. Engerand n'était pas justifiée.

Après en avoir donné les raisons, il ajoutait:
« Les droits perçus à l'importation en France,

en 1915, ont été de 310 000 000 de francs et, dans les dix premiers mois de 1916, de 101 976 000 francs; il ne semble pas que l'on puisse priver nos finances d'une pareille ressource, d'autant que, par rapport au prix d'achat des matières premières, le droit de douane, loin d'être de 50 à 50 pour 100, comme l'indique M. Engerand, n'est plus que de 5,16 à 15,38 pour 100 au plus. »

Puis, visant le décret du 18 juillet 1915, interdissant l'entrée libre en France des métaux étrangers, le rapporteur indiquait que cette mesure avait eu pour objet :

« D'entraver les agissements d'intermédiaires dont se plaignait le Gouvernement britannique;

« De répartir la quantité susceptible d'être importée de l'étranger, de telle façon que tous les services de la Défense Nationale et du commerce soient approvisionnés suivant la nécessité;

« De restreindre l'envoi de l'argent français à l'étranger;

« De dégager, du fait même de la limitation, au seul profit de la Défense Nationale et de la vie économique, les ports d'arrivée et les moyens de transport déjà surchargés ».

La Commission compétente ayant émis un avis défavorable, la proposition ne vint pas à l'ordre du jour de la Chambre.

Cette initiative avait eu tout au moins comme

résultat de permettre à l'une des Commissions les plus importantes de la Chambre d'entendre les accusations portées contre le Comité des Forges et d'être complètement édifiée, ainsi qu'en témoignent les procès-verbaux de cette Commission. Une tentative de même genre fut faite auprès de la Commission de l'Armée de la Chambre; elle échoua aussi misérablement.

Toutes les personnes de bonne foi et qui désirèrent être informées se rendirent rapidement compte que cette question de la suspension des droits de douane n'intéressait en rien les Métallurgistes, qu'elle était essentiellement d'ordre gouvernemental, et que l'importation en France du métal étranger dépendait uniquement des accords passés entre les Gouvernements français et britannique.

En fait, par suite de circonstances qui échappent à toute volonté, — conséquences de la guerre sous-marine, crise de transports par chemins de fer résultant des nécessités militaires, insuffisance de main-d'œuvre en France, manque de combustible, consommation croissante de métal pour les armements de la Grande-Bretagne — les usines anglaises, pas plus que les usines françaises, ne purent exécuter complètement les programmes de fabrication et livrer les tonnages qu'on en attendait dans les délais prévus. Il est évident que les intéressés ne reçurent que rarement, à l'époque marquée, l'intégralité des attributions que leur faisait la Commission des Bois et Métaux; et comme celle-ci, le plus souvent, ne leur accordait déjà qu'une fraction de ce qu'ils avaient demandé, il en résultait pour eux des difficultés considérables, quelquefois l'impossibilité de tenir eux-mêmes leurs engagements.

Mais là encore c'était la guerre : en tout cas, les services d'approvisionnement du Comité des Forges, sans aucun caractère officiel, achetant et travaillant comme de simples particuliers, s'appliquaient à vaincre les difficultés par leurs propres moyens et à justifier la confiance que ceux qui s'adressaient bénévolement à leurs services, mettaient en eux.

Ils ne se sont certes pas acquittés de leur tâche plus mal que d'autres, et, en tout cas, ils l'ont fait à meilleur compte pour leurs clients.

CHAPITRE IV

Les missions
données au Comité des Forges
par le
Ministère de l'Armement
pendant la guerre.

Les missions que le Ministère de l'Armement confia au Comité des Forges pendant la guerre eurent pour objet les approvisionnements en :

> fontes,
> aciers,
> fers-blancs,
> produits réfractaires.

Nous allons examiner successivement quelle fut, pour chacun de ces objets, la mission qui fut confiée au Comité des Forges et comment il l'exécuta.

Mais, avant d'aborder cette étude, nous voudrions répondre à une critique de principe, qui, produite par le Syndicat des Mécaniciens,

Chaudronniers et Fondeurs, a été reprise, sans autre insistance d'ailleurs, par M. Loucheur, Ministre de l'Armement. Cette critique s'adressait à M. Albert Thomas et consistait à objecter à l'ancien Ministre de l'Armement les inconvénients qu'il pouvait y avoir à voir confier de pareilles missions au Comité des Forges. N'aurait-il pas été préférable, suivant M. Loucheur, de voir l'État les remplir lui-même; et, si les errements administratifs rendaient la chose impraticable, de créer à cet effet un organisme d'État, un Consortium?

C'est tout d'abord chose assez curieuse de voir un industriel, devenu Ministre, faire grief à son prédécesseur, qui, nul ne l'ignore, professe la doctrine du parti socialiste unifié, de n'avoir pas chargé l'État de nouvelles fonctions, alors que tous les industriels s'accordent généralement sur la rare incapacité de l'État à faire métier d'industriel ou de commerçant, et reprocher à ce prédécesseur de s'être servi d'un organisme privé, existant antérieurement, organisme qui venait de faire ses preuves, tout en se contentant de le contrôler.

D'ailleurs M. Loucheur a très loyalement indiqué à la Chambre que c'était là une critique purement théorique, et que s'il avait été à la place de M. A. Thomas, il aurait probablement agi comme lui.

Quels griefs pouvait-on élever contre le principe même de l'attribution. au Comité des

Forges de pareilles missions? Ces griefs se résument à ceci : le Comité des Forges, en servant ainsi d'intermédiaire entre les acheteurs français et les forges étrangères, était amené à connaître les besoins, les pratiques commerciales des consommateurs français et les prix qu'ils acceptaient.

Cette objection ne tient pas debout si on veut bien se rendre compte que les prix étaient les prix fixés par le Gouvernement anglais au Gouvernement français, que les forges anglaises qui devaient faire les livraisons étaient les forges désignées à cet effet par le Gouvernement anglais, et que les quantités et qualités de métal acquises par les consommateurs français étaient précisément les quantités et les qualités que la Commission interministérielle des Métaux avait estimé pouvoir leur attribuer sur les contingents mis à sa disposition. Enfin les acheteurs en question qui, d'ailleurs, ne se sont jamais plaints, n'obtenaient ce métal que parce qu'ils exécutaient des commandes pour la Défense nationale, dont l'objet ne correspondait en rien à leur activité et à leur clientèle du temps de paix. Le seul renseignement utile que le Comité des Forges a pu tirer, dans son propre intérêt, des missions qui lui ont été confiées, c'est que les industries consommatrices de métal ont besoin de métal — il le savait déjà!

I. — FONTES.

Nous avons indiqué précédemment qu'au début et pendant la première année de la guerre, l'achat des fontes anglaises était entièrement libre. Ce ne fut que dans les premiers jours de 1916 que, devant les demandes croissantes de ses propres usines et des consommateurs français, le Gouvernement britannique fut amené à établir un contrôle sur les exportations de fontes hématites, matière première des obus en fonte aciérée.

Il lui fut donné alors de constater que l'ensemble des demandes d'autorisation de sorties, dont il était saisi, portait, pour la fonte hématite, et pour le seul mois de janvier 1916, sur un tonnage de 115 000 tonnes. Ce chiffre dépassait largement les possibilités de livraison des usines anglaises. Il était aussi de beaucoup supérieur aux besoins réels des consommateurs français, tels qu'ils étaient évalués par le Service de l'Artillerie et des Munitions. Les besoins déjà centralisés par les Services du Comité des Forges, déclarés par lui à fin de contrôle au Sous-Secrétariat d'État des Munitions, s'élevaient en effet, pour le premier trimestre 1916, à 45 000 tonnes ; ils correspondaient, puisque tous les intéressés s'étaient spontanément adressés à lui, à la presque totalité des quantités de fontes hématites réellement nécessaires à la Défense Nationale. Le surplus représentait les demandes des intermédiaires.

Il arrivait en effet que des intermédiaires achetaient en Angleterre et revendaient en France à certains consommateurs des tonnages absolument disproportionnés à leurs besoins effectifs; comme aucun contrôle n'existait pour les opérations faites par ces intermédiaires, des fabricants anglais avaient engagé leur production pour plus d'un trimestre d'avance. La situation était complètement faussée; le régime des licences d'exportation se montrait, dès sa mise en application, inefficace à assurer les tonnages disponibles là où ils étaient véritablement nécessaires pour les besoins des fabrications de guerre. Le désordre faisait son œuvre, aussi le Gouvernement britannique, contrarié dans le contrôle qu'il avait établi sur les usines nationales, gêné dans ses propres approvisionnements, déclara-t-il au Gouvernement français qu'il fallait centraliser toutes les demandes; il réclama la création de l'acheteur unique.

C'est à la suite des négociations, qui eurent lieu à ce sujet entre le Gouvernement britannique et le Gouvernement français, que M. Albert Thomas, Sous-Secrétaire d'État de l'Artillerie et des Munitions, chargea, par lettre du 6 mars 1916, le Comité des Forges de centraliser tous les achats de fontes hématites en Grande-Bretagne[1].

Dans une circulaire en date du 13 mai 1916, adressée aux consommateurs, le Comité des Forges signala que les répartitions des importations seraient faites, sous le contrôle du Sous-Secrétariat d'État de l'Artillerie et des Munitions, en tenant compte de la quantité totale dont l'exportation serait autorisée par le Gouvernement britannique et de l'urgence des besoins.

Il faut donc observer que, dès ce moment, le tonnage de fontes importées en France ne dépendait en rien de la volonté du Comité des Forges, mais se trouvait déterminé à la suite d'accords directs entre les deux Gouvernements.

Les mêmes dispositions furent adoptées par le Gouvernement français en ce qui concerne la fonte phosphoreuse, le ferro-manganèse, le spiegel et, en général, les fontes de toutes natures de provenance anglaise, dès que des mesures de prohibition de sortie furent prises par le Gouvernement britannique, toujours pour les mêmes raisons, pour ces divers produits.

A ce sujet, M. le Sous-Secrétaire d'État de

1. Voir en appendice les lettres du Sous-Secrétaire d'Etat aux Munitions, en date des 2 novembre 1915 et 6 mars 1916, au sujet de la centralisation des achats en Angleterre et de la création d'un Bureau du Comité à Londres : — et la circulaire du Comité à ses adhérents. **Annexes XVI, XVII et XVIII.)**

l'Artillerie et des Munitions écrivait, à la date du 5 mai 1916[1], au Comité des Forges dans les termes suivants :

« En présence des bons résultats déjà obtenus au sujet des fontes hématites par la centralisation des commandes françaises dont je vous ai chargé, et des nouvelles exigences du Gouvernement britannique, j'ai décidé d'étendre la mission que je vous ai confiée à toutes les autres fontes anglaises, y compris les fontes ordinaires, spiegels, ferro-manganèse, dont la sortie d'Angleterre est actuellement prohibée. »

Dans cette lettre, M. le Sous-Secrétaire d'État précisait à nouveau les grandes lignes de la procédure à adopter pour cette centralisation, et rappelait notamment que toutes les déclarations de besoins devaient faire l'objet du visa du Service des Forges, et que, d'autre part, toutes les demandes de licences à faire au Gouvernement britannique devaient être soumises, pour approbation ou rectification, au Sous-Secrétariat d'État de l'Artillerie et des Munitions.

En ce qui concerne la répartition des tonnages, le contrôle était donc strictement assuré. Cette répartition ne se faisait nullement au gré du Comité des Forges, mais bien sur les indi-

1. Voir en appendice cette lettre in extenso (Annexe XIX) ainsi que les lettres étendant les missions du Comité aux fontes de toutes natures destinées tant aux Usines françaises qu'aux Usines suisses et portugaises. (Annexes XX, XXI et XXII.)

cations mêmes des Services de l'Armement et en tenant compte de l'urgence des besoins signalés par la Direction des Fabrications de l'Artillerie, suivant les programmes du Grand Quartier Général qui, eux-mêmes, variaient suivant la bataille et l'état des réserves en munitions.

Ultérieurement, le Comité des Forges fut également chargé par le Ministère de l'Armement des répartitions et des règlements des fontes américaines achetées et transportées par l'État, ainsi que de la répartition des fontes produites par les Hauts-Fourneaux de Caen, par les Hauts-Fourneaux de Rouen, ainsi que des fontes fabriquées par le four électrique du Boucau[1].

Telles sont les circonstances dans lesquelles, progressivement et à la suite des résultats obtenus dans chaque phase successive de son organisation, le Comité des Forges a été amené à devenir peu à peu l'organe centralisateur des approvisionnements en fontes brutes.

Examinons maintenant comment fonctionnait le Service des approvisionnements en fontes brutes.

Chaque semestre, les consommateurs faisaient connaître leurs besoins probables au Comité des Forges, suivant déclaration contrôlée et visée par le Service local des Forges

1. Voir en appendice les lettres du Ministre de l'Armement. (Annexes XXIII, XXIV et XXV.)

(Ministère de l'Armement) dont dépendait chaque usine.

En outre, les consommateurs avisaient mensuellement le Comité des Forges de leur consommation probable pour le mois suivant, ainsi que de la situation de leurs stocks, — cette déclaration était également visée par le Service local des Forges.

C'est en se basant sur ces renseignements que les Services du Ministère de l'Armement contrôlaient la répartition des tonnages livrés par le Comité des Forges.

Ainsi que nous l'avons dit plus haut, les tonnages des diverses sortes de fontes, mises à la disposition de la France, étaient discutés directement entre le Gouvernement français et le Gouvernement britannique. Il n'appartenait donc pas au Comité des Forges de régler à sa guise les achats en Grande-Bretagne, dont le Gouvernement britannique avait de plus en plus tendance à limiter l'importance en raison de ses propres besoins.

La répartition des achats chez les producteurs anglais était également faite par le Bureau du Comité à Londres, sous le contrôle de la Mission française des Munitions à Londres et du Ministère britannique des Munitions.

Les marchés étaient conclus au nom du Comité des Forges, de façon que chaque producteur anglais pût opérer comme s'il avait

affaire à un acheteur ordinaire, ce qui n'aurait
pu avoir lieu entre Gouvernements.

Le Comité des Forges prenant la fonte dans
les ports anglais, devait en assurer le transport
jusqu'aux ports français, et, de ce côté, la tâche
n'était pas simple.

En effet, le fret était rare, les bateaux se
trouvaient très difficilement, à tel point qu'il
eut été matériellement impossible d'assurer
d'une façon régulière l'arrivée des fontes en
France par le seul moyen d'affrètements au
voyage.

Il était indispensable, pour mettre les fabrications françaises à l'abri de surprises, de
constituer une flotte dont on pût rester maître.
C'est par la location de navires pour des
périodes de 6 mois, une année et même pour la
durée de la guerre, que le Comité des Forges
put, avec l'appoint des vapeurs affrétés au
voyage, résoudre ce difficile problème des
transports maritimes dès le début de son intervention.

En raison des grandes difficultés éprouvées
pendant la période de guerre au point de vue
des transports, par suite des interruptions continuelles de trafic et du manque de matériel, le
Comité des Forges s'est notamment préoccupé
d'assurer des réexpéditions au moyen de trains
complets, suivant des programmes arrêtés en
accord avec le 4me Bureau de l'État-Major de
l'Armée.

C'est ainsi que, pendant des périodes très difficiles, où les envois isolés étaient absolument impossibles, le Comité a pu alimenter la plupart des fonderies situées dans la région de Paris, sur tout le réseau de l'Est, sur tout le réseau du P.-L.-M., et également sur une partie du réseau d'Orléans, au moyen de trains complets, dirigés sans rompre charge jusqu'au point le plus rapproché des centres de consommation.

Nous passons sous silence les difficultés considérables que le Comité eut à surmonter en raison de l'encombrement, à peu près permanent, des ports français pendant la période de guerre. Nous dirons simplement qu'il s'efforça d'en atténuer les effets désastreux en aménageant des parcs de stockage, permettant de réduire au minimum la durée d'attente des vapeurs.

Les fontes achetées en Angleterre devant être payées aux producteurs au moment de l'embarquement, il était indispensable que le Comité des Forges qui, n'étant pas une maison de commerce, n'avait pas de fonds de roulement, disposât à l'avance des fonds nécessaires à ces règlements.

Aussi se trouvait-il dans l'obligation de demander mensuellement aux consommateurs le versement d'une provision, correspondant à la valeur approximative des tonnages qui leur étaient réservés sur les arrivages.

Les fontes étaient facturées mensuellement aux consommateurs à un prix provisoire.

En fin de semestre, le prix de revient était établi pour chaque catégorie de fonte, et c'est ce prix de revient qui constituait le prix de facture définitif aux consommateurs, ainsi qu'il résulte d'ailleurs très clairement des livres de comptabilité du Comité des Forges.

Jusqu'au 30 juin 1918, le rôle du Comité des Forges fut exclusivement limité à la répartition des fontes anglaises achetées par lui et des fontes américaines et françaises achetées par l'État.

Or, nous avons vu que les fontes françaises achetées par l'État provenaient seulement des hauts-fourneaux de Caen et de Rouen et du four électrique du Boucau. Il ne s'agissait donc que d'une infime proportion de la production française.

La presque totalité de cette production n'était assujettie à aucune centralisation. Les transactions se faisaient directement entre les producteurs et les consommateurs. Il suffisait que les commandes fussent visées par les Services de Fabrication intéressés. Des fondeurs pouvaient ainsi recevoir des tonnages relativement plus importants que certains de leurs confrères, ayant à exécuter des commandes d'un caractère plus urgent. Il en résultait que le contrôle du Ministère de l'Armement, au point de vue de la répartition rationnelle des disponibilités suivant le degré d'urgence des fabrications, devenait incomplet, alors que les disponibililés totales étaient de plus en plus inférieures aux besoins totaux déclarés par les consommateurs.

D'autre part, la même fonte était payée par les consommateurs à des prix variables suivant la provenance. En effet, les producteurs se trouvant placés dans des conditions très différentes, au point de vue de l'approvisionnement en matières premières, leurs prix de revient comportaient des écarts parfois très sensibles et, par suite, les prix de vente variaient dans des proportions souvent importantes.

En résumé, tandis que pour les fontes livrées par le Comité, le contrôle du Ministère de l'Armement était immédiat et direct, il s'exerçait avec beaucoup moins d'efficacité sur les fontes de production française. Et alors que les fontes livrées par le Comité étaient facturées à un prix unique, il y avait naturellement des prix de vente différents pour les autres fontes livrées par les usines françaises.

Au moment où tous les consommateurs de fonte travaillaient pour les besoins de la guerre, ce régime constituait une inégalité assez choquante.

C'est ainsi que le Ministre de l'Armement fut amené à organiser la péréquation générale des fontes étrangères et des fontes françaises de toutes provenances ; la mise en vigueur de ce nouveau régime eut lieu le 1er juillet 1918[1].

Voici quelles étaient les grandes lignes de la centralisation, de la répartition et de la péréquation des fontes sous le contrôle de l'État.

D'après les propositions de la Commission Interministérielle des Métaux et des Fabrications de Guerre, le Ministre de l'Armement fixait chaque trimestre les tonnages de fontes que les divers départements ou services publics pouvaient recevoir.

Chacun des départements ou services déléguait un officier centralisateur chargé de gérer le contingent des fontes. Le Service des Produits Métallurgiques fixait, d'accord avec les officiers centralisateurs des services, les tonnages de fontes de moulage et d'affinage à accorder à chaque consommateur.

Les ressources totales des fontes, tant de production nationale que d'importation, étaient réparties par le Ministère de l'Armement (service des Produits Métallurgiques) avec le concours du Comité des Forges.

Les fontes étaient facturées aux consommateurs sur wagon ou bateau départ à des prix dits de péréquation, fixés pour chaque trimestre par le Ministre de l'Armement et des Fabrications de Guerre.

Ces prix étaient identiques pour les mêmes

1. Voir en appendice l'Annexe XXVI.

qualités de fontes, quelles que fussent les usines productrices, de sorte qu'à partir de cette époque tous les consommateurs français payèrent la fonte le même prix à qualité égale, quelle qu'en fût la provenance.

Ces prix de péréquation s'appliquaient non seulement aux livraisons faites aux consommateurs, mais aussi aux fontes consommées ou transformées par les producteurs eux-mêmes.

D'autre part, le Service des Produits Métallurgiques fixait, pour les diverses qualités de fontes et pour chaque usine productrice, des prix dits « Prix particuliers de Vente » établis d'après les conditions spéciales des fabrications de l'usine. C'est à ce prix que chaque usine était payée du tonnage livré à la consommation ou transformé par elle.

On sait que les prix de revient des fontes produites dans les hauts-fourneaux français variaient, suivant les usines, dans des proportions souvent très importantes.

Alors qu'une même qualité de fonte était vendue au même prix à tous les consommateurs, elle devait être payée aux producteurs à des prix différents sans cependant qu'il y eût achat par l'État ou par un organisme déterminé. En effet, le Comité se bornait à transmettre les ordres d'expédition aux usines françaises qui facturaient directement aux consommateurs.

Il convenait donc de créer un organisme chargé d'établir les compensations à effectuer entre les producteurs, suivant que leur « prix particulier de vente » était supérieur ou inférieur au « prix de péréquation » facturé par eux aux consommateurs ou appliqué à la consommation particulière des producteurs.

A cet effet, il fut institué une « Chambre de Compensation des Fontes » [1]. Placée sous le contrôle du Ministère de l'Armement, cette Chambre de Compensation fut gérée par les producteurs eux-mêmes. Elle fut constituée sous la forme d'une Société Anonyme composée de tous les producteurs français.

A la fin de chaque mois, il était effectué un règlement de comptes entre la Chambre de Compensation et les usines productrices. Celles-ci recevaient de la Chambre de Compensation ou lui versaient la différence entre les valeurs de fontes livrées ou consommées par elles, dans le mois, calculées d'après les prix particuliers de vente, suivant que cette différence était dans un sens ou dans l'autre.

La Chambre de Compensation n'avait pas à connaître les conditions d'établissement des prix particuliers de vente qui lui étaient indiqués par le Service des Produits Métallurgiques.

Comme ces prix particuliers de vente ne pouvaient être établis définitivement qu'après plusieurs mois, les règlements de comptes inter-

1. Voir en appendice les Annexes XXVII, XXVIII et XVIX.

venus à la fin de chaque mois entre les usines et la Chambre de Compensation étaient provisoires; les règlements définitifs intervenant au fur et à mesure de l'établissement des prix particuliers définitifs de vente.

Ce régime prit fin le 31 décembre 1918[1]. Il n'est pas encore possible de connaître très exactement les résultats des opérations de la Chambre de Compensation, puisque les décomptes définitifs avec certains producteurs n'ont pu encore être établis; mais nous pouvons néanmoins citer quelques chiffres sur l'importance des opérations faites pendant le deuxième semestre 1918 sous ce régime de la péréquation générale.

Les tonnages livrés aux consommateurs ont été de 371 000 tonnes (les livraisons du Comité interviennent dans ce chiffre pour 218 000 tonnes)[2].

Ceux prélevés par les producteurs pour leur propre consommation ont été de 296 000 tonnes; ce qui fait [porter les opérations de la Chambre de Compensation sur un tonnage global de 667 000 tonnes.

La valeur de ces livraisons et prélèvements,

---

1. Voir en appendice l'Annexe XXX.
2. Ces 218 000 tonnes se répartissent comme suit :

164 000[1] en provenance de la Grande-Bretagne
10 000 —   —   des États-Unis
44 000 —   —   des Hauts-Fourneaux de Caen
                                    et de Rouen

et représentent une valeur de 92 700 000 frs.

calculée sur la base des prix de péréquation, s'élève à 286 millions, se décomposant ainsi :

Fontes livrées par le Comité   92 700 000 fr.
Fontes dont les livraisons
ont été faites sans passer par
le Comité. . . . . 193 300 000 fr.

C'est encore la division « Fontes Brutes » du Comité des Forges, qui a assumé la lourde tâche qu'entraînaient les opérations de la Chambre de Compensation, dont le Secrétaire Général du Comité avait accepté, à titre gracieux, les fonctions d'administrateur-délégué.

Le Comité des Forges, dans les circonstances extraordinairement difficiles où la guerre avait mis toutes choses, a-t-il, au point de vue des approvisionnements en fonte, rempli sa tâche d'une façon satisfaisante?

Seuls peuvent répondre à cette question ceux qui lui ont confié ces missions et qui les contrôlèrent [1].

Nous nous bornerons à citer quelques chiffres. En les retenant, il est bon de songer aux difficultés de toutes sortes qu'éprouvaient, au cours de cette guerre, tous les Services d'approvisionnement : manque de bateaux, encombrement des ports, pénurie de wagons, interruption de trafic sur les réseaux ferrés, formalités nombreuses, etc.....

1. Voir en appendice l'Annexe XXXI.

Voici les tonnages et la valeur des fontes livrées par le Comité des Forges du 1er janvier 1916 au 31 décembre 1918 :

PÉRIODES	PROVENANCE			VALEUR
	Grande-Bretagne	France	Amérique	
	tonnes	tonnes	tonnes	francs
1916. 1er Semestre.	68 373	»	»	18 000 000
2e —	185 667	»	30 200	53 000 000
1917. 1er —	258 594	»	58 500	88 500 000
2e —	257 255	12 186	13 250	88 600 000
1918. 1er —	165 424	36 845	»	75 400 000
2e —	164 050	44 150	10 690	92 700 000
Totaux	1 099 365	93 181	112 640	
	1 305 184			416 200 000

Si à ce chiffre de 416 200 000 francs, nous ajoutons celui de 193 300 000, cité tout à l'heure comme représentant la partie des opérations de la Chambre de Compensation relative aux tonnages, autres que les livraisons du Comité, nous arrivons à un chiffre de 609 500 000 francs, représentant le montant total des opérations financières dont le Comité des Forges a assumé la responsabilité.

Ces tonnages se répartissent en plus de 40 qualités. Le Comité a eu à approvisionner plus de 800 consommateurs.

Voici d'autre part, pour les deux principales qualités de fonte, les moyennes des prix de revient, auxquels ont été facturées aux con-

sommateurs les fontes livrées par le Comité
jusqu'à l'établissement de la péréquation générale, c'est-à-dire jusqu'au 1ᵉʳ juillet 1918.

	Fonte Hématite 2 à 3 % Si	Fonte de Moulage Phosphoreuse nº 3
	Par tonne	Par tonne
1ᵉʳ semestre 1916. Frs :	268,40	
2ᵐᵉ — — —	263,69	203,34
1ᵉʳ — 1917 —	296,49	217,38
2ᵐᵉ — — —	336,71	239,85
1ᵉʳ — 1918 —	406,28	277,18

Pour l'année 1916 et le premier semestre
1917, ces prix, en ce qui concerne la fonte
hématite, sont ceux des fontes importées d'Angleterre. Pour le deuxième semestre 1917 et le
premier semestre 1918, ils représentent la
moyenne des prix de revient des fontes anglaises
et des fontes achetées par l'État à des hauts-
fourneaux français. L'incorporation de ces dernières fontes eut pour résultat d'élever le prix
de revient.

Les fontes américaines rétrocédées par l'État
n'interviennent pas dans ces moyennes. Les
fontes américaines étant facturées aux consommateurs et payées à l'État par le Comité au
prix de revient des fontes anglaises jusqu'au
premier semestre 1917 (ou au prix de revient
des fontes anglaises et françaises réunies à
partir du deuxième semestre 1917).

Le Comité des Forges n'avait naturellement
aucune action sur les prix des fontes françaises,

qui lui étaient facturées par l'État à leur prix
de revient exact, d'après les conventions que
l'État avait passées avec la Société des Hauts-
Fourneaux de Caen et celle des Hauts-Fourneaux
de Rouen, lorsqu'il demanda à ces Sociétés de
terminer leurs installations et de mettre leurs
hauts-fourneaux en marche.

· Quant aux fontes de provenance anglaise,
on sait que, dans le courant du deuxième
semestre 1916, les prix en furent fixés par le
Gouvernement Britannique lui-même.

C'est donc seulement dans le premier
semestre 1916 que le Comité des Forges eut à
faire des achats sous le régime de la libre dis-
cussion des prix et que son Bureau de Londres
put montrer sa valeur commerciale. Il est donc
intéressant de comparer les prix facturés par le
Comité des Forges pendant cette période, avec
ceux auxquels vendaient les intermédiaires aux
consommateurs francais. Or, tandis que le
prix de facture du Comité pour les fontes
hématites anglaises était, dans le premier
semestre 1916, de frs 268,40 sur wagon
port français, douane payée, les intermédiaires vendaient les mêmes fontes d'importation à des prix variant de 300 à 330 frs sur
wagon port français, douane payée. Ces prix
s'entendaient même parfois C. I. F. port français, ce qui, avec les droits de douane, les frais
de surestaries et de déchargement, portait le
prix jusqu'à frs 350 sur wagon. Les prix cités

ici ne se rapportent pas à quelques petites
livraisons isolées, mais bien à des marchés
importants traités avec de gros consommateurs. On constate donc une différence de Frs 30
à 60 par tonne à l'avantage des prix du
Comité sur ceux des intermédiaires. Ceci
prouve péremptoirement que, tant qu'il y eut
liberté d'achat, l'action du Comité des Forges
s'exerça dans le sens le plus favorable à l'intérêt des consommateurs français.

Les explications qui précèdent montrent
quelle a été l'action du Comité des Forges au
point de vue des prix.

Les frais généraux occasionnés par toutes
ces opérations représentent sur la valeur totale
des fontes livrées par le Comité de toutes provenances :

Pour le 1ᵉʳ semestre 1916.			0,65 0/0
— 2ᵐᵉ —	—		0,42 —
— 1ᵉʳ —	1917.		0,26 —
— 2ᵐᵉ —	—		0,30 —
— 1ᵉʳ —	1918.		0,42 —

En résumé, jusqu'à l'établissement de la
péréquation générale, c'est-à-dire jusqu'au
1ᵉʳ juillet 1918, les prix facturés aux consommateurs correspondent strictement aux prix de
revient nets, établis chaque semestre, et la
décomposition de ces prix en leurs divers éléments a toujours été régulièrement communi-
quée à M. le Ministre de l'Armement.

A partir du 1er juillet 1918, les prix facturés aux consommateurs sont ceux de péréquation fixés par M. le Ministre de l'Armement — la différence entre ces prix de péréquation et les prix de revient devant être versée à la Chambre de Compensation des fontes, ainsi qu'il a été expliqué plus haut.

Le Comité des Forges n'a été, en somme, qu'un simple organe d'exécution ; aucune de ses opérations n'échappait au contrôle des services de l'État.

Tout en s'inspirant des méthodes de l'industrie privée, pour autant que les circonstances en permettaient l'application, son organisation offrait toutes les garanties réclamées d'un service de l'État.

La diversité des qualités de fontes qu'il fallait rechercher chez un grand nombre de producteurs — quelquefois même pour des tonnages minimes — compliquait singulièrement la tâche, et une organisation purement administrative n'aurait certainement pas eu la souplesse nécessaire pour réaliser un tel programme.

Notre concours ayant été sollicité, nous l'avons donné sans arrière-pensée. Placés devant une tâche déterminée, ardue — souvent ingrate — la Division des fontes et le Bureau de Londres se sont efforcés de la remplir avec conscience au prix d'efforts incessants, au milieu de difficultés souvent considérables,

insoupçonnées de la plupart des consommateurs et même — dans une large mesure —
des Pouvoirs Publics.

Le Comité n'a pas la prétention d'avoir
réalisé une œuvre parfaite ; il a fait simplement de son mieux.

II. — ACIERS.

La mission donnée au Comité des Forges
par le Ministère de l'Armement au sujet des
aciers, postérieure à celle qui lui fut confiée au
sujet des fontes, date de la décision interministérielle du 31 août 1917[1], créant pour
les produits en acier, en provenance de la
Grande-Bretagne, le régime de l'acheteur
unique.

On se rappelle ce que nous avons dit à la fin
du chapitre précédent sur le rôle que jouèrent le
Comité des Forges et son Bureau de Londres,
alors qu'il était loisible à tous ceux qui le dési-
raient, d'aller acheter du métal en Grande-Bretagne sous le régime de la pleine liberté, puis
sous celui de la liberté réglementée par les permis d'exportation.

En fait, si l'on veut bien comprendre cette
question de l'importation des aciers, il y a lieu
de distinguer trois périodes pendant lesquelles
les possibilités d'approvisionnement en pro-

1. Voir en appendice l'Annexe XXXII.

duits sidérurgiques ont sensiblement évolué par suite des nécessités mêmes de la Défense Nationale.

Dans la première période, qui s'étendit depuis le début de la guerre jusqu'au 11 mai 1916, les approvisionnements de métal en provenance de l'étranger pouvaient se faire en toute liberté, comme en temps de paix. Nous avons décrit, au chapitre précédent, l'action du Comité pendant cette première période.

*
* *

La deuxième période est caractérisée, ainsi que nous l'avons dit, par la création de la Commission Interministérielle des Métaux[1] qui fut chargée de répartir entre les Départements ministériels, et par eux entre les consommateurs, les disponibilités de métal que le Ministère de l'Armement pouvait abandonner sur la production française et les tonnages qu'il obtenait du Gouvernement anglais.

On se rappelle les raisons qui amenèrent cette création.

Ce fut tout d'abord la constatation que fit tout à coup le Gouvernement britannique de la baisse considérable de ses stocks de produits

1. Voir en appendice le décret du 11 mai 1916 portant création, au Ministère de la guerre, d'une Commission des métaux et des bois, qui devint ultérieurement la Commission Interministérielle des métaux et des Fabrications de Guerre. (Annexe XXXIII.

métallurgiques, au moment même où il en avait le plus urgent besoin pour le grand programme d'armement qu'il venait de décider, et où la France, pour les mêmes raisons, faisait un pressant appel aux forges anglaises.

Devant les besoins qui augmentaient chaque jour en France, un nombre considérable d'intermédiaires avaient surgi de tous côtés, véritables champignons de guerre, qui, à côté des importateurs professionnels, se livraient à toutes les manœuvres de spéculations dont ils entendaient tirer grand profit et empêchaient le Gouvernement britannique d'exercer un contrôle sérieux sur sa production nationale.

C'est ce qui amena ce dernier à introduire les formalités de licences d'exportation.

Ces licences ne purent être obtenues que sur la production d'attestations délivrées par un département ministériel français (Attestations A ou B pour des fournitures intéressant la Défense Nationale; attestations C pour toutes autres fournitures).

La Commission Interministérielle des Métaux contrôlait ces attestations et délivrait les permis d'importation.

Le tonnage pour lequel des licences d'importation étaient accordées était sensiblement inférieur aux besoins réels d'importation qui se faisaient sentir à cette époque et, on le devine, encore beaucoup plus inférieur à toutes les demandes qui, mensuellement, étaient adressées à l'industrie anglaise par les consommateurs directement, par les intermédiaires pour leur compte, et enfin par les Services de la Guerre. Le représentant de ce dernier à Londres devait les approvisionner en métal pour obus, en rails pour tranchées, en tôles ondulées et en fils machines pour la fabrication du fil de fer, etc.

Une autre raison qui détermina le Gouvernement à créer cette Commission Interministérielle fut la suivante.

Dans le courant du mois d'avril 1916, M. Clémentel, Ministre du Commerce, préoccupé de l'alimentation en produits sidérurgiques des petites industries privées, ne travaillant pas par marchés directs pour la Défense Nationale ou travaillant pour la clientèle civile, avait demandé et obtenu du Sous-Secrétariat d'État des Fabrications de Guerre, un certain tonnage mensuel en provenance d'usines françaises. Il comptait répartir ce tonnage entre les différents industriels qui travaillaient pour les besoins de l'Agriculture, et s'en servir en même temps pour assurer l'approvisionnement des Marchands de fer.

Ce tonnage avait été fixé à 900 tonnes par mois, ce qui était manifestement insuffisant, si on le compare au seul tonnage acheté en temps ordinaire par les Marchands de fer, dont les stocks permanents atteignaient facilement 300 000 tonnes.

Le tonnage qui avait été accordé au Ministère du Commerce en provenance des usines françaises étant absolument insuffisant pour approvisionner les Marchands de fer, et, par eux, leur clientèle, si réduite qu'elle fût alors, M. Clémentel pensa que la solution pouvait être pratiquement recherchée, en faisant importer par ces Marchands de fer des tonnages importants de provenance anglaise. Le Gouvernement français résolut de demander au Gouvernement britannique que ces tonnages reçussent de la part de celui-ci la même considération que s'il s'agissait des besoins directs du Ministère de l'Armement. Seuls, en effet, les tonnages d'aciers à obus étaient, à cette époque, garantis à la France. En fait, il faut reconnaître que ces nouvelles demandes étaient presque aussi intéressantes pour la Défense Nationale; il était nécessaire d'approvisionner de métal toute une série importante de petites industries, occupant un personnel nombreux, qui travaillaient principalement pour les fournisseurs de la guerre et pour l'entretien du machinisme agricole qui était une nécessité primordiale.

Cette demande de produits anglais pour les marchands de fer, survenant précisément au moment où le Gouvernement britannique venait de décider la limitation de ses exportations, entraînait nécessairement une répartition entre les différents participants français du tonnage octroyé par la Grande-Bretagne. Ce fut là une des raisons principales de la création de la Commission Interministérielle des Métaux, qui eut pour objet de répartir entre tous les Services de la Guerre, du Ministère du Commerce, des Travaux Publics, de la Marine marchande, etc., les contingents achetés en Angleterre.

Les Marchands de fer, ne pouvant à priori donner la destination définitive du métal qui leur était attribué, puisque celui-ci, avant d'être vendu à la clientèle, devait être placé dans leurs stocks, avaient décidé, d'accord avec le Sous-Secrétariat d'État des Fabrications de Guerre et le Ministère du Commerce, de se réunir en un Consortium ouvert à tous leurs confrères français. Ce Consortium devait répartir entre ses membres le tonnage qui était attribué par la Commission Interministérielle au Ministère du Commerce.

Pendant toute la durée de la deuxième période, qui s'écoula entre le 11 mai 1916 et le 31 août 1917, seuls les Marchands de fer furent obligés de passer par le Consortium ; tous les autres acheteurs de produits sidérurgiques pouvaient, comme par le passé, s'adresser directement à un fournisseur anglais pour leurs besoins, à condition toutefois d'avoir obtenu au préalable de la Commission Interministérielle une autorisation d'importation.

La tâche de cette Commission Interministérielle était extrêmement ardue puisque, ne pouvant se procurer en Angleterre qu'un très faible tonnage, réparti par elle entre les Départements ministériels, elle n'arrivait pas à satisfaire intégralement, loin de là, toutes les demandes d'importation qui lui étaient adressées.

Nous n'avons pas besoin d'ajouter que sous ce régime le Comité des Forges et, par lui, le Comptoir d'Exportation, ne jouirent d'aucun droit de préférence ; il était obligé, comme tout acheteur, de demander des permis d'importation pour les commandes pour lesquelles les consommateurs s'adressaient librement à ses Services d'approvisionnements.

Le Consortium des Marchands de fer, création de guerre, partant sans organisation antérieure, avait spontanément fait appel au concours du Comptoir d'Exportation pour l'exécution matérielle de ses opérations d'achat et de répartition entre ses membres. Les lettres du Comptoir d'Exportation, adressées au Ministre du Commerce et au Sous-Secrétaire d'État des Fabrications de Guerre, sont nombreuses, lettres par lesquelles il demandait périodiquement un relèvement du tonnage mensuel attribué à ce Consortium. En plus des 900 tonnes en provenance d'usines françaises, qui avaient été attribuées au Consortium tout au début, le Comptoir d'Exportation avait obtenu successivement des permis d'importation pour 9000, 13000 et 19000 tonnes, mais le Gouvernement Britannique n'ayant, de son côté, pris aucun engagement pour la fourniture de ces quantités, le Gouvernement français entama des négociations avec lui. Ces négociations aboutirent et assurèrent à la France un tonnage mensuel de 10000 tonnes pour le Consortium des Marchands de Fer. Le Comptoir d'Exportation fut chargé de l'achat de ces 10000 tonnes mensuelles[1]. Il était urgent d'arriver à un accord avec le Gouvernement Britannique, car les stocks des Marchands de Fer diminuaient continuellement, et étaient arrivés, dans le courant du mois de juin 1917, à des chiffres tellement bas qu'ils pouvaient être considérés comme inexistants en fait.

En ce qui concerne les prix, et du fait même que, dans cette période, les industriels ou consommateurs en général avaient le droit, les formalités accomplies, de s'adresser directement aux usines anglaises, ces acheteurs ou consommateurs bénéficiaient chacun du prix direct que l'usine anglaise lui avait fait, et en supportaient toutes les charges : transports, frais de douane, transit, etc.

Pendant cette seconde période, les industriels français qui, ayant obtenu du Ministère de l'Armement une quote-part dans le

1. Voir en appendice l'annexe XXXIV.

contingent britannique crurent devoir s'adresser au Comité des Forges pour réaliser ces opérations, le firent parce qu'ils l'estimèrent préférable. Furent-ils mieux ou plus mal servis que s'ils avaient eu recours à un autre intermédiaire, ou s'ils avaient agi directement? Il faut croire que leur opinion fut faite par les événements eux-mêmes, et par les résultats qu'ils obtinrent, puisque de toutes les critiques produites par les intermédiaires délaissés et par les éternels mécontents, pas une ne fut reconnue par le Ministère de l'Armement comme sérieusement établie.

Ce ne fut que pour le Consortium des Marchands de fer, et étant données les répartitions que le Comptoir devait faire entre ses membres des quantités qui lui étaient attribuées, qu'une péréquation de prix fut décidée, afin d'établir un traitement égal pour tous ses membres. Les prix moyens ainsi établis étaient régulièrement soumis à la ratification du Ministre du Commerce, avec tous les éléments qui avaient servi à les constituer.

Les Marchands de fer étaient autorisés à prélever un bénéfice de 5 pour 100 sur les prix ainsi prévus, lorsqu'il s'agissait de commandes ne passant pas par le magasin, de 10 pour 100 lorsqu'il s'agissait de commandes entrant dans leur magasin, et pour lesquelles les frais de manutention, pertes d'intérêts, camionnages, etc., justifiaient un supplément de 5 pour 100.

* *
*

La troisième période date du 1er septembre 1917 ; elle eut pour origine la décision interministérielle du 31 août 1917, parue au *Journal officiel* du 5 septembre, créant pour les produits en acier de provenance britannique un acheteur unique [1].

Le Gouvernement britannique s'était rendu compte que, malgré toutes les précautions prises, le système qu'il avait organisé ne rendait pas ; malgré la fixation de contingents mensuels, et l'attribution d'ordres de priorité, les livraisons effectuées n'étaient pas en proportion avec ces commandes et ces contingents. Il estima nécessaire de renforcer le contrôle sur l'emploi des matières, et d'instaurer une réglementation plus sévère de l'octroi des licences de fabrication et d'exportation. Il exigea que la France n'eût désormais pour les aciers qu'un acheteur unique, et décida que le contingent mensuel qui lui était accordé serait désormais divisé par catégories de produits, en fixant un tonnage pour les demi-produits, un tonnage pour les tôles, un tonnage pour les fers marchands, un tonnage pour les poutrelles, un tonnage pour les fers-blancs, etc. Ce contingent total fut fixé à 40 000 tonnes par mois et devait couvrir tous les besoins français, aussi

1. Voir en appendice la décision interministérielle du 31 août 1917. (Annexe XXXII.)

bien ceux du Service de la Guerre et de la
Marine, que ceux du Consortium et les commandes des fournisseurs de l'État français.

Cette réglementation nouvelle rendait encore
plus difficile la tâche de la Commission Interministérielle. De son côté, elle aussi se trouvait, de ce fait, obligée de répartir, entre les
ayants-droit, un tonnage global; et elle devait
encore, pour chacun d'entre eux, répartir les
différents produits suivant leur importance dans
le tonnage total octroyé. C'était là besogne
compliquée, dans laquelle on n'entrait pas de
plain-pied; aussi la Commission jugea-t-elle
nécessaire de confier au Comptoir d'Exportation le soin d'exécuter ses instructions relatives à la passation en Angleterre des commandes qu'elle autorisait à valoir sur les différents tonnages particls formant le contingent
mensuel.

Par le système de l'acheteur unique, dont
l'efficacité venait déjà d'être éprouvée pour les
fontes, le Gouvernement britannique espérait
éviter les hausses continuelles et factices des
produits sidérurgiques en Angleterre, et contrôler plus sévèrement les prix appliqués par
les fournisseurs anglais aux produits d'exportation.

Comme leurs confrères français, les intermédiaires britanniques firent entendre leur protestation, mais le Gouvernement britannique ne
crut pas devoir s'y arrêter, comme il résulte

d'une déclaration faite à la Chambre des Communes, à la séance du 24 avril 1918, par M. G. J. Wardle, Secrétaire parlementaire du Board of Trade[1].

Les obligations du Comptoir d'Exportation, résultant de la mission qui lui fut confiée, sont nettement définies par le texte même de la décision interministérielle. Le Comité des Forges et le Comptoir d'Exportation, se rendant compte des difficultés qu'ils allaient rencontrer, et estimant que les dispositions qui étaient indiquées dans cette décision n'étaient pas encore suffisantes, demandèrent qu'un contrôle permanent fût exercé par les soins du Ministère de l'Armement sur les opérations du Comptoir. Par décision ministérielle du 8 septembre 1917, un officier supérieur fut désigné pour assurer le contrôle du Comptoir d'Exportation et sa liaison permanente avec le Ministère. Cette mission spéciale fut confirmée par lettre du Ministre de l'Armement, en date du 20 février 1918.

De plus, un contrôle financier fut assuré par un Contrôleur général d'Armée, par décision du 5 septembre 1917.

Voici les tonnages et la valeur des aciers livrés par le Comité des Forges (Service du Comptoir d'Exportation) du 31 août 1917 au 31 décembre 1918 :

1. Voir en appendice la déclaration de M. Wardle. (Annexe XXXV.)

I. — CENTRALISATION GÉNÉRALE.

	Nombre de bateaux	Tonnes	Valeur
1ᵉʳ semestre 1918.	118	19 503,795	14 072 398,05
+ Réquisitions	—	102,295	88 310,68
2ᵐᵉ —	—	181	47 242,260	55 151 035,90
Total...	299	66 848,350	49 311 742,63

II. — STOCKS DE GUERRE.
(Consortium des Marchands de fer).

	Nombre de bateaux	Tonnes	Valeur
2ᵐᵉ semestre 1917.	61	30 246,009	20 572 160,90
1ᵉʳ — 1918.	93	24 230,753	16 960 783,25
2ᵐᵉ — —	101	17 151,164	11 731 199,40
Total...	255	71 627,906	49 264 143,55

III. — FERS-BLANCS.

La mission qui fut confiée au Comptoir d'Exportation, et qui le qualifia pour centraliser les achats de fers-blancs de provenances française et anglaise, et, par la suite, de provenance américaine, date du mois de mars 1917[1].

Cette décision fut motivée à cette époque par un arrêt presque complet des importations de fers-blancs de provenance anglaise; le Gouvernement britannique estima alors qu'il ne pou-

1. Voir en appendice les décisions ministérielles des 11 et 17 mars 1917 et du 4 mai 1917. (Annexes XXXVI, XXXVII et XXXVIII.)

vait plus laisser exécuter toutes les commandes individuelles qui avaient été passées en Angleterre dans le courant de 1916 et pendant les premiers mois de 1917, commandes qui arrivaient à engager, dans les usines britanniques, une période de production de près d'un an. Devant cette impossibilité, et étant donné, d'autre part, que le Gouvernement britannique ne pouvait juger lui-même quelles étaient, parmi les commandes passées par les importateurs français, celles qu'il était nécessaire de retenir et d'exécuter immédiatement, il fut amené nécessairement à prier le Gouvernement français de réviser tout d'abord les commandes déjà placées en usines anglaises. Il lui demanda ensuite de procéder, à partir d'une date déterminée, à la centralisation des achats et à la répartition du contingent mensuel maximum de fers-blancs que la Grande-Bretagne comptait attribuer à la France à partir du 1er avril 1917. Ce contingent fut fixé à 5 000 tonnes, il fut réduit pour les mois d'août et de septembre à 2 300 tonnes par mois pour se relever ensuite à 4 000 tonnes par mois.

Il faut noter que la production française qui, pendant le premier semestre 1917, s'élevait seulement à 1 600 tonnes par mois[1], s'est accrue

1. En temps normal la production française de fer-blanc était en moyenne de 2 254 tonnes par mois; elle était d'ailleurs sensiblement inférieure à la consommation, et le déficit était comblé par une importation en provenance d'Angleterre d'environ 3 000 tonnes.

progressivement jusqu'à atteindre 2 500 tonnes à la fin du premier semestre 1918. La centralisation des commandes entre les mains d'un seul organisme fut une des causes, sinon la principale, de cet accroissement, car elle permit de passer aux usines des spécifications beaucoup plus importantes pour un même échantillon.

Malheureusement, par suite de l'insuffisance de l'approvisionnement en charbon, puis en étain, la production française alla de nouveau en diminuant, et ne donnait plus, vers la fin de 1918, que quelques centaines de tonnes seulement par mois pour l'ensemble des trois usines françaises : Hennebont, Basse-Indre et Commentry.

Avec les 6 000 tonnes mensuelles de provenance de Grande-Bretagne et de fabrication française, on aurait pu couvrir les besoins courants des consommateurs de fers-blancs, si on ne s'était trouvé devant une augmentation sans cesse croissante des besoins en fers-blancs des différents services de la guerre; le fer-blanc était de plus en plus demandé pour les différentes fabrications de l'armée : pièces de munitions, boîtes de conserves, pièces pour le matériel chimique de guerre, pour l'aviation, l'automobile, etc.

Le déficit en fer-blanc, qui se produisit du fait de la consommation toujours plus grande, a entièrement justifié les mesures qui furent prises alors par le Ministère de l'Armement et qui consistaient précisément dans la centralisation des achats et de la répartition.

En vue de cette nouvelle organisation, le Ministère de l'Armement choisit le Comptoir d'Exportation pour agent d'exécution, et son rôle fut défini comme suit.

Par l'entremise de son Correspondant à Londres, le Bureau du Comité des Forges, le Comptoir plaçait, en usines anglaises, les commandes mensuelles de fers-blancs correspondant au contingent fixé par le Gouvernement britannique, contingent qui était respectivement de 5 000 ou de 2 300 tonnes, et qui, à fin décembre 1918, était de 4 000 tonnes par mois.

Le Bureau du Comité des Forges à Londres, d'accord avec la Commission Française des Munitions et le Ministère des Munitions Britannique, surveillait la fabrication de ces fers-blancs, les faisait recevoir en usines par un agent technique, combinait leur expédition vers les ports d'embarquement, discutait avec le Ministère des Munitions les prix applicables à ces fournitures, prix qui, du reste, grâce à cette organisation, sont restés stables jusqu'à la fin de 1918.

Il est évident que la transmission en usine d'une seule commande globale, couvrant quelquefois trois mensualités, devait avoir et eut comme conséquence une augmentation sensible du rendement de ces usines, puisque les commandes ainsi passées l'étaient dans un nombre limité d'épaisseurs correspondant strictement aux besoins français, et dans un nombre encore plus réduit de dimensions par épaisseur.

Cette centralisation eut aussi pour résultat de permettre une exploitation extrêmement intense des moyens de transport, puisque le fait d'avoir groupé en une seule main la totalité des commandes en fers-blancs passées en Angleterre permit à cet organe centralisateur de faire expédier vers le port d'embarquement les lots de fers-blancs au fur et à mesure de leur achèvement. Le port de Swansea était devenu un véritable magasin du Comptoir d'Exportation et chaque vapeur appelé à transporter le fer-blanc était sûr de trouver dès son arrivée au port le chargement complet qui lui était nécessaire; on évitait ainsi les stationnements et les frais considérables qui en étaient la conséquence.

Les fers-blancs, une fois transportés à Rouen, le Comptoir les faisait transborder sur chalands en vue de leur réexpédition directe sur ses magasins à Paris. La création de ces magasins fut une nécessité, étant donné le morcellement de la répartition faite par les Services de la Guerre et du Ministère du Commerce, elle permit une répartition équitable entre tous les consommateurs, répartition qui devint d'autant plus nécessaire par la suite que la pénurie des approvisionnements nécessita une réduction sensible des attributions partielles.

A la date de fin octobre 1917, le Comptoir avait emmagasiné environ 17 144 tonnes de fers-blancs, et en avait distribué à la même époque environ 16 883 tonnes, la différence constituant l'état de son magasin.

A fin décembre 1918, les tonnages en magasin dépassaient 8 000 tonnes. Il y a lieu toutefois de remarquer que ce chiffre comprenait un gros tonnage de fers-blancs attribué à des consommateurs, mais dont malheureusement ceux-ci ne pouvaient prendre livraison par suite de l'arrêt presque complet des moyens de transports.

Les attributions de fers-blancs étaient indiquées au Comptoir d'Exportation successivement par la Commission des Métaux et des Fabrications de Guerre, qui les recevait elle-même des différents Services du Ministère de l'Armement ou du Ministère du Commerce; chacun de ces Services ainsi que le Ministère du Commerce avaient droit à un quantum déterminé dans la répartition totale, mais il était entendu qu'en tout état de cause les Services de l'Armement avaient toujours la priorité.

A côté de la Commission des Métaux, organe d'exécution, siégeait un organe consultatif : le Comité du Fer-Blanc. Ce Comité fut constitué dans le courant du mois de mars

1917 par les Ministères de l'Armement et du Commerce.

Il était composé d'un représentant des principaux Services de l'Armement, preneurs de fers-blancs, de délégués du Ministère du Commerce, de Présidents de Chambres Syndicales de Fabricants de conserves, de représentants des principaux producteurs de fers-blancs en France et, enfin, de la Commission des Métaux et des Fabrications de Guerre, chargée d'exécuter les décisions prises par ce Comité du Fer-Blanc.

Celui-ci était présidé par le Président même de la Commission des Métaux et des Fabrications de Guerre.

Chacun des membres de ce Comité a été nommément désigné par le Ministre de l'Armement et le Ministre du Commerce.

Ce Comité avait pour objet d'examiner toutes les questions qui pouvaient se poser relativement à l'approvisionnement des Services de la Guerre et des Industriels qui, travaillant pour ces Services, avaient besoin de fers-blancs. Il examinait les ressources, décidait des répartitions à faire parmi les différents Services de la Guerre et le Ministère du Commerce, fixait les priorités au profit de tel ou tel autre Service; il étudiait, en cas de pénurie de fers-blancs, les dispositions à prendre pour satisfaire les besoins les plus urgents; il prenait connaissance des réclamations qui pouvaient naître pour insuffisance d'approvisionnement; décidait des réponses à faire et examinait en général toutes questions intéressant l'approvisionnement en fers-blancs, ou l'utilisation de cette matière pour les fabrications de la guerre ou pour les fabrications civiles.

Le représentant du Comptoir d'Exportation assistait à ces réunions à titre consultatif, la Commission des Métaux et des Fabrications de Guerre agissant seule comme organe exécutif; en fait le Comptoir d'Exportation, désigné par le Ministère de l'Armement et la Commission des Métaux et des Fabrications de Guerre pour exécuter les décisions prises par le Comité du Fer-Blanc, recevait ses instructions par l'entremise de la Commission des Métaux dont il dépendait exclusivement.

En ce qui concerne les prix, la Commission des Métaux et des Fabrications de Guerre recevait du Comptoir d'Exportation tous les éléments nécessaires permettant l'établissement des prix moyens qui, conformément à la décision ministérielle du mois de mars 1917, étaient soumis pour approbation au Ministre de l'Armement.

Le Comité du Fer-Blanc prenait connaissance des prix approuvés par le Ministre de l'Armement et les enregistrait au procès-verbal.

Les représentants des Chambres Syndicales

des consommateurs de fer-blanc pouvaient
présenter au Comité du Fer-Blanc toutes les
observations qui leur étaient faites par les
adhérents de leur Chambre Syndicale. Le
Comité examinait et discutait ces observations.
Il appartenait au président des Chambres
Syndicales représentées de tenir leurs membres
au courant des décisions les plus importantes
qui pouvaient être prises, étant bien entendu
qu'en ce qui concernait les questions touchant
plus particulièrement la Défense Nationale,
toute divulgation de ces décisions était formel-
lement interdite.

Le Comptoir n'eut donc, à aucun moment, à
juger de l'opportunité de distribuer du fer-
blanc à tel ou tel consommateur. C'était aux
Services de la Guerre ou au Ministère du Commerce qu'il appartenait d'utiliser leurs crédits
au mieux des intérêts soit de leurs fabrications
soit des besoins économiques, et de les répartir
entre les intéressés.

La tâche du Comptoir était d'ailleurs assez
lourde et assez compliquée : en plus de la passation des commandes en Angleterre, de la surveillance des fabrications en usines, des transports maritimes et terrestres, il avait la charge
des questions financières découlant de ces
opérations; il devait régler les fournisseurs en
Angleterre, payer les transport et assurances,
tant maritimes que fluviaux.

On a critiqué les prix relativement élevés

pratiqués pour les fers-blancs, et on a objecté que, si les industriels avaient été libres de s'approvisionner directement en Angleterre, ils auraient pu obtenir des prix très inférieurs. C'est là une erreur, car la part de la production anglaise réservée à la France, limitée comme elle l'était par le Gouvernement britannique, en raison des besoins généraux de la guerre, représentait à peine 50 pour 100 des tonnages nécessaires à la consommation française.

S'il y avait eu entre les acheteurs français le régime de la libre concurrence, les prix pratiqués par les usines anglaises, au lieu d'être ceux qu'elles accordaient au Ministère des Munitions Britannique, se seraient constamment élevés et auraient fini par devenir exorbitants et très supérieurs certainement à ceux pratiqués par le Comptoir. Celui-ci, en raison du déficit dans la production anglaise, qui vient d'être rappelé, a dû, à la demande du Gouvernement, faire appel, d'une part, à la production française malgré les besoins de la Défense Nationale en autres produits, et, d'autre part, à l'importation américaine.

Pour les produits français, intervenant à peu près pour 1/4, les prix se sont trouvés élevés en raison de ceux auxquels ces usines étaient obligées de payer la fonte, le charbon, l'étain, l'huile de palme.

En ce qui concerne les fers-blancs améri-

cains, les marchés ont été traités au mieux
par M. le Haut-Commissaire Tardieu, et le
Comptoir n'a eu qu'à prendre note de ces prix
pour les faire intervenir dans la péréquation
générale à laquelle il a dû se livrer.

N'étant pas une maison de commerce et ne
travaillant pas à la commission, il n'avait pas
de fonds de roulement, et comme il ne pouvait
demander pour les fers-blancs des versements
par anticipation aux bénéficiaires des attributions, il fut obligé de faire appel au concours
d'une Banque qui lui consentit les avances
nécessaires, en vue des règlements qu'il avait
à opérer. L'encaissement des sommes dues par
les bénéficiaires des attributions se faisait au
moment de la remise de la facture à ces bénéficiaires. Bien entendu, ces factures ne pouvaient être établies que lorsque la marchandise
était arrivée dans le magasin du Comptoir et
prête à être livrée. Ce système d'opérer a précisément permis au Comptoir d'éviter énormé-
ment de réclamations de petits industriels qui,
autrement, auraient été obligés de régler leurs
fers-blancs bien avant de l'avoir reçu. Même en
libre concurrence, tout importateur de fers-
blancs de provenance anglaise aurait été obligé
de payer sa matière au plus tard à l'embarquement de la marchandise contre connaisse-
ments; avec le Comptoir il ne payait cette
marchandise que la veille de la livraison; il
évitait de ce fait toute perte d'intérêts, tous

frais d'ouverture de crédit, et avait la sécurité absolue que, la facture une fois réglée, il recevait sa matière dès le lendemain.

Cette façon d'opérer nécessitait une vigilance constante des Services du Comptoir d'Exportation, puisque, à aucun moment, il ne devait être en perte sur ses opérations.

Le détail des travaux connexes à ces opérations était très considérable, d'autant plus que, pour les 3/4 au moins, il s'agissait de fournitures de peu d'importance, comme cela résulte du reste du grand nombre de factures qui ont dû être établies par rapport aux chiffres de vente. Il y a également lieu de tenir compte de ce que, pour les expéditions en province, le Comptoir était obligé de procéder à toutes les formalités d'expédition, et, en plus, pour les fournitures à faire dans Paris, il assurait, sur la demande du destinataire, la livraison de la marchandise par des moyens de camionnage qu'il a été obligé de se créer.

Le Comptoir a dû organiser, pour les besoins de la réception, de la manutention et de la réexpédition du fer-blanc, des magasins dans les ports et à Paris. C'est ainsi qu'après avoir commencé à ouvrir à Paris deux magasins, l'un aux Magasins Généraux d'Aubervilliers, et l'autre aux Magasins Généraux d'Austerlitz, où l'on recevait par eau les fers-blancs venant de Rouen et du Havre, on a ouvert à Rouen plusieurs magasins pour permettre de

stocker les fers-blancs qui, arrivant régulièrement d'Angleterre, ne pouvaient, faute de
moyens de transports, être réexpédiés sur les
lieux de consommation ou les magasins de
Paris. Il en fut de même à Nantes, puis à Marseille, puis à Roanne.

Enfin, les fers-blancs américains arrivant
par les ports de l'Océan : Bordeaux et La Pal-
lice, on ouvrit un magasin à Bordeaux.

Le Comptoir avait la gestion complète de ces
magasins, à l'exception toutefois de ceux de
Nantes, Marseille et Bordeaux, qui étaient gé-
rés, pour son compte, par des commerçants
spécialisés dans le commerce des fers-blancs
et qui avaient bien voulu, moyennant une lé-
gère rétribution, mettre à la disposition du
Comptoir leurs magasins et leurs moyens de
travail.

Les opérations faites par le Comptoir pour
les fers-blancs se précisent dans les chiffres
suivants :

I. — ACHATS

	Nombre de bateaux	Tonnes	Valeur
2ᵐᵉ semestre 1917.	27	15 137,902	18 477 348,85
1ᵉʳ — 1918.	49	25 823,989	52 713 202,50
achats spéciaux .	11	1 816,589	1 771 922,40
2ᵐᵉ semestre 1918.	40	19 921,482	25 571 698,20
achats spéciaux .	20	1 508,523	2 125 314,55
Total. . .	147	64 208,485	80 459 486,50

II. — Réquisitions.

	Nombre de bateaux	Tonnes	Valeur
2ᵐᵉ semestre 1917 .	»	2 390,319	4 694 277,53
2ᵐᵉ semestre 1918 .	»	12,360	25 511
Total..	»	2 402,679	4 719 788,53

Récapitulation

Achats	147	64 208,485	80 459 486,30
Réquisitions. . . .	—	2 402,679	4 719 788,53
Total	147	66 611,164	85 179 274,63

IV. — Produits réfractaires

Parmi les matières premières que consomment les aciéries pour la construction et l'entretien de leurs fours, figure la magnésie qui, grâce à ses qualités réfractaires, doit être utilisée dans la construction des parties directement en contact avec le métal fondu. Celle-ci figurait sur la liste trop nombreuse des matières premières pour lesquelles, en temps de paix, nous étions obligés d'être tributaires de l'étranger.

On ne rencontre, en effet, en France, aucun gisement de carbonate de magnésie, et l'industrie de la fabrication des produits magnésiens n'existait pour ainsi dire pas avant la guerre. Les usines sidérurgiques étaient donc contraintes de s'approvisionner, pour une petite quantité, en Angleterre et, pour la plus grande partie, en Styrie.

Les aciéries réussirent à travailler pendant la première année, en vivant sur les approvisionnements qui leur restaient à la mobilisation, et en pratiquant quelques achats en Angleterre. Ce pays ne possède pas non plus de gisements de carbonate de magnésie ; il doit également l'importer, et les produits finis qu'il était en mesure de nous livrer étaient fabriqués avec une matière première introduite en Angleterre pour en être ensuite exportée, après transformation.

Le développement de la fabrication de l'acier Martin en France, effectué parallèlement à l'accroissement de la consommation anglaise, amena, dès la fin de 1915, le Gouvernement anglais à déclarer qu'il lui était impossible de continuer de pourvoir aux besoins de la France, et il invita le Sous-Secrétariat des Munitions à se préoccuper d'assurer d'une autre façon l'approvisionnement de nos usines.

Après accord avec ces dernières, le Comité des Forges fut chargé de rechercher pour leur compte commun les moyens de pourvoir à leur consommation.

Le programme à réaliser comportait trois parties :

L'importation en France du carbonate de magnésie;

La calcination de ce carbonate;

Le briquetage de la magnésie calcinée.

Sur l'invitation de M. le Sous-Secrétaire d'État aux Munitions, divers marchés de carbonate de magnésie furent passés par le Comité des Forges, dans la seconde partie de l'année 1915, avec les producteurs de l'île d'Eubée, seule région d'Europe avec la Chalcidique qui, en dehors des pays ennemis, renfermât des gisements de magnésite alors exploités.

Il ne suffisait pas de passer ces marchés, il fallait encore transporter ce carbonate de magnésie; ce ne fut pas chose facile, surtout lorsque la guerre sous-marine sévit en Méditerranée. Ce transport d'Eubée en France fut effectué par les navires faisant le ravitaillement du Corps Expéditionnaire de l'Armée d'Orient, qui chargeaient cette matière comme lest de retour, étant donné la rareté des frets libres de Grèce en France.

Par suite des événements militaires qui se déroulaient en Orient et qui pouvaient causer quelque appréhension au sujet de l'avenir de cette source d'approvisionnement, le Comité des Forges fut conduit à acheter des tonnages suffisants pour pourvoir aux besoins de la consommation française pendant un temps assez long[1]. D'autre part, dans le même esprit de prévoyance, il envoya à ses frais une mis-

---

1. Voir en appendice l'Annexe XXXIX.

sion en Nouvelle-Calédonie, où il existe un gisement de magnésite, pour étudier la possibilité d'utiliser cette ressource. Cette combinaison ne devait d'ailleurs être réalisée, à cause des frais qu'elle aurait entraînés et des complications de transport, qu'au cas où la magnésite d'Eubée aurait cessé d'être à notre disposition.

A la fin de 1916, le Comité des Forges passait un contrat en Italie où un gisement de carbonate de magnésie commençait à être mis en valeur dans les environs de Livourne.

Pour la calcination de la magnésie, un contrat fut passé avec une Société propriétaire d'une importante usine, dont une partie de l'outillage était inemployée; cette usine mit à la disposition du Comité plusieurs de ses fours, ainsi que ses Services techniques, et permit très rapidement de résoudre les difficultés inhérentes à toute fabrication nouvelle, et d'obtenir la qualité de magnésie convenant aux besoins des aciéries[1].

Enfin, le Comité des Forges de France s'entendit avec plusieurs Sociétés qui s'équipèrent pour entreprendre le briquetage de cette magnésie; elles parvinrent assez rapidement à fournir des produits acceptables.

1. Il convient de noter que l'œuvre du Comité des Forges fut facilitée par le précieux concours que lui prêta, au point de vue technique, la Compagnie des Forges et Aciéries de la Marine et d'Homécourt.

La production de la magnésie calcinée a été
pendant ces trois dernières années :

	1916	1917	1918
Tonnes..	7 800	11 880	8 900
Le chiffre des ventes a été . . . . Frs.	2 821 000	7 443 700	5 493 000

Là comme ailleurs, les produits furent facturés au prix coûtant, le Comité des Forges se
bornant à faire supporter à ses ventes les
frais généraux occasionnés par le Service, frais
généraux qui n'interviennent d'ailleurs que pour
une proportion minime dans le chiffre total
d'affaires.

Le Comité eut à résoudre de véritables difficultés, la mise au point de la fabrication des
produits magnésiens, comme celle de tous les
produits réfractaires, étant extrêmement délicate et contenant toute une série de tours de
main, avec lesquels les usines qui nous ont
prêté leur concours n'étaient pas familiarisées
au début. La main-d'œuvre dont elles disposaient, le combustible de qualité souvent trop
médiocre pour le chauffage des fours de cuis-
son, n'ont pas contribué à rendre leur tâche
plus facile. Les aciéries ont, toutefois, pu recevoir une magnésie qui, sans être de qualité
irréprochable, leur a permis de travailler dans
des conditions satisfaisantes.

Enfin, la rareté croissante des frets et la nécessité de contrôler aussi étroitement que possible l'importation de diverses autres matières premières indispensables à la marche des usines sidérurgiques, que nos ressources nationales nous obligeaient de faire venir de l'étranger, amenèrent également le Ministère de l'Armement à charger le Comité des Forges de la centralisation des achats de ces produits.

C'est ainsi que celui-ci reçut mission de s'occuper de l'achat en Angleterre des divers produits réfractaires[1], de l'achat du minerai de chrome à usage réfractaire[2], puis des minerais de manganèse[3].

*
* *

Pour résumer ce chapitre consacré aux missions confiées au Comité des Forges par le Ministère de l'Armement pendant la guerre, nous donnons ci-dessous un tableau récapitulatif qui montre l'importance des sommes dont le Comité des Forges a eu la responsabilité :

Fontes	610 200 000	francs.
Aciers.	98 575 886	—
Fers-blancs.	85 179 274	—
Produits réfractaires	15 757 700	—
	809 712 860	francs.

1. Voir en appendice l'Annexe XL.
2. Voir en appendice l'Annexe XLI.
3. Voir en appendice l'Annexe XLII.

*
* *

Nous venons de voir à la suite de quelles
circonstances le Gouvernement français avait
été conduit à confier ces missions au Comité
des Forges, et de quelle façon elles avaient été
organisées. Etant donné les difficultés du
moment, il semble qu'elles étaient nécessaires
et qu'elles furent organisées aussi bien que
possible; en tout cas, le Comité des Forges
a apporté à leur exécution toute l'activité et
tout le soin dont il était capable.

Et cependant, cette organisation a été loin
de donner toute satisfaction aux acheteurs; le
service des importations dont le Comité des
Forges avait la charge n'a pas fonctionné
comme nous l'aurions désiré; bien des acheteurs ont éprouvé des déceptions en ne rece-
vant pas tout le tonnage dont ils avaient besoin
ou en subissant des retards dans la livraison.

Ces déceptions ont été motivées, pour la
plus grande partie, par la limitation des importations. Le Gouvernement français avait été
obligé de limiter les tonnages; les industriels
ne pouvaient commander les quantités dont ils
avaient besoin; en outre, les tonnages qu'ils
obtenaient de commander étaient eux-mêmes
réduits par le Gouvernement britannique, qui
n'accordait pas tout le tonnage demandé par
la Commission interministérielle. Enfin, dans
la pratique, il était rare que les tonnages

accordés fussent livrés intégralement par les usines.

D'autre part, les conséquences de cette limitation ont été singulièrement aggravées par les difficultés de déchargement et de transport en France. Tout le monde connaît ces difficultés. Nous pensons cependant qu'il n'est peut-être pas inutile de donner à ce sujet quelques précisions, qui permettront de se rendre compte des obstacles qu'il fallait vaincre pour effectuer la livraison des matières et produits importés.

Les importations d'Angleterre, des États-Unis, et, dans une plus faible proportion, de Grèce, arrivaient en France dans des ports congestionnés par un trafic auquel personne, avant la guerre, n'aurait cru qu'il eût été possible de faire face.

Outre les importations pour la France, les ports français avaient à recevoir des tonnages considérables pour les armées britanniques et américaines, ainsi qu'un très gros tonnage de charbon et de céréales transitant par la France à destination de l'Italie et de la Suisse. Près de deux millions de tonnes ont été ainsi importées mensuellement en dehors des tonnages destinés à la France. Il en est résulté que le trafic dans les principaux ports français a augmenté, de 1913 à 1918, dans une proportion moyenne de 250 pour 100 environ.

Le port de Rouen, qui, en 1913, importait 5 148 000 tonnes, a déchargé en 1918 plus de

10 millions de tonnes, chiffre qui n'avait
jamais été atteint, ni même approché de loin,
avant la guerre, par aucun port français.

Nous reproduisons ci-après l'indication du
tonnage débarqué dans certains ports français,
empruntée au rapport de M. le Ministre des
Travaux Publics à M. le Président de la
République, en date du 21 janvier 1919.

PORTS	TONNAGE des marchandises débarquées		Rapport entre les tonnages des marchandises débarquées en 1913 et 1918
	En 1913	En 1918	
	tonnes	tonnes	
Calais.	1 002 621	2 570 434	256 %
Boulogne	719 569	1 877 926	261 —
Le Havre	2 747 926	5 755 000	209 —
Cherbourg . . .	176 808	789 246	446 —
Brest	355 518	929 192	261 —
Saint-Nazaire . .	1 490 893	3 432 247	230 —
La Rochelle. . .	»	»	»
La Pallice . . .	486 562	1 326 324	275 —
Bordeaux	3 186 346	5 007 547	157 —

Ces résultats ont été obtenus malgré une
grave pénurie de main-d'œuvre, et malgré le
manque de matériaux et d'outillage pour l'exécution des travaux des ports.

Bien entendu, la pénurie de matériel roulant
n'a jamais permis le transbordement direct des
marchandises du bateau sur wagons, imposant
une mise en stock et une double manutention,
d'où accroissement de la main-d'œuvre employée et perte de temps, sans compter les frais

supplémentaires. Ce n'est qu'exceptionnellement qu'il a été possible de transborder directement du navire importateur sur péniche.

Une fois la marchandise mise en stock au port réceptionnaire, elle était réexpédiée la plupart du temps par chemin de fer, quelquefois — chaque fois que c'était possible — par chalands.

Il est certainement inutile d'insister sur la crise des transports dont tout le monde a eu à souffrir, et qui était due à la fois à la pénurie de matériel roulant, à l'insuffisance et la mauvaise qualité du charbon et au manque de personnel.

Il faut ajouter que les mouvements des troupes et leur ravitaillement en vivres, en munitions et en matériel ont nécessité un nombre énorme de trains. Ces mouvements n'ont cessé d'aller en s'accroissant, grâce, principalement, à l'afflux des troupes américaines. Les réseaux de l'intérieur, pour ne parler que de ceux-là, ont vu leur trafic militaire augmenter en 1918 de 30 pour 100 par rapport à 1917.

Il y avait à peu près constamment un réseau fermé. Si, par bonheur, une fois des wagons obtenus, le réseau au départ était ouvert, celui de l'arrivée se trouvait fermé, ou inversement.

Une autre source de difficultés et de mécontentement résultait du fait que les Compagnies de Chemins de fer déclinaient toute responsabilité en ce qui concerne les déchets, pertes et manquants, ayant été relevées, par le Ministère, de l'obligation de peser et de compter les marchandises au départ.

Quelques exemples feront ressortir le degré d'acuité de la crise des transports. Le Comité des Forges avait à Saint-Malo, à la fin de 1918, un stock de 12 000 tonnes pour la réexpédition duquel il s'efforçait d'obtenir des wagons. Désespérant à la longue de pouvoir en obtenir, il a été obligé de réexpédier la marchandise par mer de Saint-Malo à Rouen et au Havre, dans l'espoir que son acheminement vers les réceptionnaires serait plus facile.

Au début du mois de janvier de cette année, le tonnage en stock pour le Comité des Forges dans les ports de France s'élevait à 65 000 tonnes environ. Malgré ses réclamations continuelles, il a été impossible de réduire ce tonnage, en avril, à moins d'environ 55 000 tonnes, et encore ne fut-ce que grâce à la réduction des arrivages. Il n'a donc été possible que de réexpédier un tonnage à peu près égal aux arrivages et on n'a pu réussir à diminuer le stock que dans une très faible proportion.

Une rapide enquête dans quelques-uns des principaux établissements métallurgiques met en lumière les conséquences navrantes de cette crise des transports, qui dura pendant toute la guerre. Partout arrêt ou marche réduite, par suite des arrivages insuffisants ou irréguliers du charbon, du minerai, de la dolomie, de la chaux, en un mot des matières premières nécessaires. Partout immobilisation des produits fabriqués que l'on ne pouvait expédier et qui encombraient les parcs des usines.

Il n'est donc pas surprenant que, dans ces conditions, l'irrégularité des arrivages ait provoqué des mécontentements mais, en toute justice, le Comité des Forges ne saurait en être rendu responsable[1].

1. Pour ces réexpéditions, comme pour l'exécution des missions qui lui ont été confiées, le Comité des Forges a fait de son mieux, mais les circonstances ont malheureusement été telles que, malgré tous ses efforts, la marche du service des réexpéditions a été imparfaite. Certains réceptionnaires, dans leur légitime impatience, ont voulu s'occuper eux-mêmes de prendre livraison de leurs marchandises; nous avons tout lieu de croire que leurs démarches n'ont pas obtenu plus de succès que celles du Comité des Forges, car, en général, ces réceptionnaires, après un certain temps d'efforts infructueux pour obtenir des wagons, revenaient demander au Comité de continuer à s'occuper de leurs intérêts.

CHAPITRE V

Les concours spontanés apportés par le Comité des Forges à la défense nationale.

On ne saurait dire comment, pendant la guerre, le Comité des Forges s'est mis au service de la Nation, sans ajouter un mot au sujet des concours spontanés qu'il apporta en même temps à la Défense Nationale.

Nous passerons une revue très rapide de ces concours, regrettant d'avoir été obligés de les détacher du tableau de l'immense effort accompli par l'industrie française toute entière, pour forger à l'usage de nos vaillantes armées l'instrument de la victoire. C'était seulement dans ce cadre qu'ils étaient à leur place, trouvaient leur raison d'être, et prenaient leur valeur.

Mais si brefs que nous désirions être, nous ne saurions être compris si nous ne rappellions en deux mots les raisons qui amenèrent le Ministère de la Guerre à demander et à accepter la collaboration du Comité des Forges et

de la Chambre Syndicale du Matériel de
Guerre dès le début de la guerre.

Dans quelle situation se trouvait le Ministère
de la Guerre en août 1914, au point de vue du
ravitaillement de nos armées en munitions et
en matériel d'artillerie?

En temps de paix la fabrication, la répara-
tion et l'entretien de tout le matériel de guerre :
bouches à feu, caissons, voitures, harnache-
ment et accessoires, fusils, munitions de toutes
sortes, étaient assurés par la Direction de
l'Artillerie et les Établissements militaires qui
en dépendent.

On sait comment fonctionnait la Direction de
l'Artillerie. Cette Direction était l'une des principales du Ministère de la Guerre, c'était elle
qui proposait au Ministre les types qui devaient
être adoptés et les commandes qui devaient
être exécutées.

A côté d'elle se trouvait l'Inspection des
Études et Services techniques siégeant Place
Saint-Thomas d'Aquin; elle avait à sa tête
un Général, fonctionnant comme Ingénieur
Conseil, qui poursuivait les études et donnait
son avis sur les types à créer ou à exécuter.

Auprès de l'Inspection des Études se trouvait un organe d'exécution : l'Inspection Permanente des Fabrications d'Artillerie qui, une
fois les décisions prises par la Direction de
l'Artillerie, en assurait l'exécution. Cette Inspection Permanente avait sous ses ordres la

Direction des Forges, aidée de deux Inspections, siégeant l'une à Paris, l'autre à Lyon, qui étaient chargées de passer les marchés et d'en surveiller l'exécution.

Les Établissements militaires relevant de la Direction de l'Artillerie étaient spécialisés comme il suit au point de vue des fabrications :

Pour les canons : Bourges et Puteaux.

Pour les munitions : Lyon, Tarbes et Rennes.

Pour les fusils : Saint-Etienne, Châtellerault et Tulle.

Pour les équipages : les Arsenaux situés dans chacun des corps d'armée.

C'est de cet ensemble qu'était la Direction de l'Artillerie, que naquit le Ministère de l'Armement, qui, pendant la guerre, devint l'un des plus importants, si ce n'est le plus important des Ministères.

Avant la guerre, et dans le régime normal, l'Administration de la Guerre ne demandait à l'industrie privée qu'une chose : c'était de fournir les matières premières nécessaires aux Établissements constructeurs.

Ces matières étaient commandées à l'industrie soit à l'état brut, soit sous des formes et des dimensions aussi voisines que possible de leur utilisation définitive; elles étaient fabriquées d'après des cahiers des charges visant et atteignant très souvent la perfection, et prove-

naient de nos grandes usines métallurgiques
du Centre.

Le Centre, avec ses grands Établissements
de Saône-et-Loire (Le Creusot), de l'Allier
(Saint-Jacques de Montluçon), de la Loire
(Saint-Chamond, Saint-Étienne, Firminy,
Unieux, etc.), avait abandonné depuis longtemps, pour les raisons que nous avons dites[1],
la fabrication des produits commerciaux pour
se consacrer à l'élaboration de produits plus
finis, partant plus chers.

Ce qui aida au développement de cette région,
c'est que tandis que la Guerre ne demandait à
ces usines que les matières dont elle avait
besoin pour ses Établissements militaires, la
Marine leur commandait les éléments de
canons, souvent des canons, et les obus finis.
Ces commandes ne pouvaient cependant suffire
à assurer l'activité de ces grandes usines ;
aussi leurs dirigeants allèrent-ils chercher des
commandes auprès des États étrangers ; ils
réussirent très souvent, malgré le prestige que
les victoires de 1870 avaient assuré à l'industrie allemande, à l'emporter sur elle.

Mais, — et c'est là un point qu'il importe
de bien mettre en lumière pour se rendre
compte de l'immense effort qui a été réalisé, —
les besoins de l'armée, après les premières
batailles, se révélèrent rapidement d'une telle

1. Voir le chapitre sur la Métallurgie d'avant-guerre.

importance, importance qui ne cessa de croître dans des proportions extraordinaires, que la production la plus intensive des Établissements militaires et des Établissements de l'industrie privée, qui travaillaient en liaison avec eux, n'aurait pu y faire face.

Il fut nécessaire qu'en quelques semaines toutes les usines qui pouvaient, d'une façon quelconque, travailler pour la Défense Nationale, se missent au travail. Pour cela, il fallut les rechercher, leur distribuer du travail, les approvisionner de matières, leur rendre du personnel, et cela ne fut possible que parce que les grands Établissements métallurgiques du Centre, aussi bien que les Services techniques du Ministère de la Guerre et ceux du Comité des Forges, s'employèrent de leur mieux pour faciliter toutes choses aux industriels, qui, abandonnant pour un temps leur profession ordinaire, s'adonnèrent à ces nouvelles fabrications.

On sait aujourd'hui quelle était la situation des approvisionnements et du matériel de nos armées au début de la guerre. Nous avions une artillerie de campagne, le 75, qui était une arme parfaite; nous étions en train de constituer notre artillerie lourde; nous avions, heureusement, conservé dans nos arsenaux notre ancienne artillerie. Au point de vue des munitions, nos approvisionnements, qui n'étaient pas ceux que les grands Chefs, comme le Géné-

ral Langlois, avaient réclamés, paraissaient
importants. Nos régiments avaient des mi-
trailleuses, et nos réserves de fusils semblaient
plus que suffisantes.

On sait aussi aujourd'hui combien ces approvisionnements étaient insuffisants. Il en fut
heureusement de même pour l'Allemagne; les
approvisionnements qu'elle avait faits pour
son armée, alors qu'elle préparait cette guerre
et la faisait éclater à son heure, furent épuisés
beaucoup plus rapidement qu'elle ne l'avait
prévu.

D'ailleurs, il faut bien le reconnaître de bonne
foi, personne, ni en France ni en Allemagne,
aucun des écrivains militaires, aucun des États-
Majors qui étudiaient les conditions dans lesquelles devait se produire et se poursuivre la
guerre future, personne n'avait prévu une
guerre de longue durée.

Au contraire, il était admis comme un axiome,
non seulement dans le monde militaire, mais
encore chez les dirigeants de la grande politique internationale, chez les hommes politiques comme chez les économistes, que si une
guerre éclatait entre les grandes puissances,
elle serait forcément de très courte durée. La
mobilisation de toute la Nation, la puissance
destructive des armements, l'arrêt de toute la
vie économique, l'énormité des dépenses, tout
concourait à faire croire qu'une pareille crise
ne pouvait durer qu'à peine quelques mois. On

voit aujourd'hui quelle fut, sur ce point, comme sur bien d'autres, la vanité des prévisions.

C'est précisément parce que l'on croyait à une guerre très courte, à une guerre qui serait faite avec les approvisionnements constitués pendant la période de paix précédente, que l'on n'avait pas prévu qu'à côté de la mobilisation militaire, on devait organiser la mobilisation de l'industrie. Or, celle-ci, loin d'être mobilisée, avait été profondément désorganisée par la mobilisation militaire. Au jour de la déclaration de guerre, tous les hommes en âge de service militaire : ouvriers, contremaîtres, ingénieurs, directeurs, avaient quitté les usines pour rejoindre les formations militaires auxquelles ils étaient affectés. Bien plus, les Établissements militaires eux-mêmes s'étaient vu enlever la partie la plus importante de leur personnel.

Mais, dès qu'après les premières batailles, en présence des extraordinaires consommations de munitions qu'elles nécessitèrent, on se rendit compte qu'il fallait demander, et cela immédiatement, aux Établissements de l'Artillerie et à l'Industrie, un effort autrement considérable que celui qu'on avait prévu, on se trouva presque en face de l'impossible. Partout le personnel était parti aux armées, les transports étaient entièrement pris par les services militaires; les communications par poste, télégraphe et téléphone étaient retardées ou réservées à l'Administration militaire; tous les rouages de l'industrie étaient disloqués ou frappés de paralysie.

L'envahissement par l'ennemi des régions industrielles du Nord et de l'Est, privait en même temps la France de ses plus précieuses ressources en combustibles, en minerai, en métal, et d'un grand nombre de ses plus puissantes usines de construction mécanique.

Comment allait-on se tirer d'affaire?

Déjà, à la fin de la première quinzaine d'août 1914, M. Messimy, alors Ministre de la Guerre, avait convoqué les Représentants du Creusot, de Saint-Chamond, et leur avait demandé de forcer autant qu'ils le pourraient leur production journalière d'obus de 75.

En même temps, le Ministre de la Guerre convoquait le Président[1] et le Secrétaire Général du Comité des Forges et leur demandait d'assurer à ses Services tout le concours des organisations de la rue de Madrid.

Mais bientôt le Gouvernement ayant été obligé de se rendre à Bordeaux, le Comité des Forges l'y suivit pour répondre au désir qui lui avait été exprimé; et lorsque M. Millerand, qui entre temps avait assumé la lourde charge

---

1. Le président du Comité était alors M. Guillain; lors de sa mort, en 1915, M. L. Pralon, vice-président, assuma la charge de la présidence qu'il exerça jusqu'en mai 1918, époque à laquelle ses collègues et lui demandèrent à M. F. de Wendel d'accepter la présidence du Comité, comme réponse aux mesures que les Allemands avaient prises contre la Maison de Wendel, en Lorraine encore annexée.

du Ministère de la Guerre, convoqua, le 20 septembre 1914, la réunion d'où devait sortir toute l'organisation des fabrications de guerre, le Comité des Forges fut un des premiers appelés à cette réunion.

Si l'on veut bien se représenter le problème devant lequel on se trouvait au lendemain de la victoire de la Marne, on pourra en mesurer toutes les difficultés.

Le Ministre de la Guerre demandait à l'industrie, dans l'état de désorganisation et d'amoindrissement où l'avaient mise la mobilisation et l'invasion du Nord et de l'Est, de fabriquer 100 000 obus de 75 par jour, et cela immédiatement, le salut du pays en dépendant.

Or l'obus de 75, qu'il s'agisse de l'explosif ou du shrapnell, avait été conçu par l'Artillerie pour être fabriqué à la presse à forger[1], et cet

1. On sait en quoi consiste cette fabrication : la Métallurgie fournit un lopin d'acier, répondant aux qualités requises, qui représente un cylindre d'une hauteur de 185 millimètres sur un diamètre de 75. Ce lopin est porté à une haute température, puis mis sous une presse hydraulique qui en fait un récipient, une espèce de bouteille : la bouteille à explosifs ou la bouteille qui doit recevoir les balles pour les shrapnells.

Il y a donc dans cette fabrication une action particulière exercée sur le métal à chaud, action qui, en écrasant à l'aide du poinçon le centre du cylindre, fait monter la matière le long des parois de la pièce et forme les côtés de l'obus. On fabrique ainsi un obus par emboutissage avec des parois relativement minces et présentant cependant toutes les garanties de sécurité au point de vue de l'explosif qui doit y être contenu, tout en assurant le maximum de logement pour cet explosif ou pour les balles de shrapnells.

obus, ayant été jusqu'alors fabriqué exclusivement par les Établissements de l'Artillerie,
ceux-ci possédaient seuls les presses hydrauliques nécessaires pour cette fabrication, et
ces presses étaient en très petit nombre.
Seuls quelques grands Établissements de l'industrie privée, comme le Creusot et Saint-
Chamond, aidés par quelques Établissements
dont ils s'étaient assuré le concours en temps
normal, possédaient des presses pour la
fabrication des obus qu'ils fournissaient aux
puissances étrangères. Tout cet outillage, aussi
bien celui des Établissements de l'Artillerie
que celui de l'industrie privée, ne pouvait
débiter, en travaillant à plein, que quelques
milliers d'obus par jour.

L'effort que le Ministre demandait à l'industrie pouvait donc paraître irréalisable.

La première tâche qui s'imposa au Ministère
de la Guerre et au Comité des Forges fut
d'aider à la réorganisation des usines métallurgiques capables de produire le métal à obus,
et d'amener à cette fabrication spéciale un certain nombre d'usines qui ne l'avaient jamais
entreprise et qui, jusque là, s'étaient réservées
exclusivement à la fabrication des produits
courants. Nous avons déjà décrit l'effort que fit
la Métallurgie française pendant la guerre[1],
nous n'y reviendrons pas.

1. Voir le chapitre : la Métallurgie pendant la guerre.

Pour remettre en pleine activité les usines métallurgiques qui restaient en territoire libre, aussi bien que pour faire rendre le maximum aux ateliers de construction mécanique et autres qui existaient, qui s'agrandirent, ou qui se créèrent en si grand nombre pendant la guerre, il fallait leur rendre leur personnel qui leur avait été enlevé par la mobilisation, ou les doter d'un personnel qu'il fallait aller reprendre aux armées.

Aujourd'hui que les événements sont passés, et que l'opinion publique, comme toujours trop indulgente, a fini par tolérer l'embuscage, oubliant que si l'embusqué était un malin, qui, grâce à ses protections, savait se mettre à l'abri dans un vague emploi, d'autres se faisaient tuer à la place qu'il abandonnait, on ne se rend plus compte du problème qui se posa au Ministère de la Guerre, à la fin de 1914, pour faire revenir dans les usines les hommes qui y étaient aussi nécessaires que sur le front.

Ce problème était autant d'ordre moral que d'ordre matériel.

Faire revenir des hommes du front et même des dépôts à cette époque, alors que le sentiment unanime de la Nation avait porté chacun à sa place de combattant, alors que le sort de la Patrie semblait devoir se jouer en quelques semaines, alors qu'il n'était pas possible de révéler au Pays combien était tragique la crise que nos armées traversaient au point de vue de leur approvisionnement en munitions, c'était prendre une décision indispensable, mais d'une application aussi délicate que compliquée.

Les industriels, et principalement les métallurgistes, dont le personnel est organisé par équipes, où chaque ouvrier a un rôle spécial, déclaraient ne pouvoir remettre en marche leurs usines que si leurs ouvriers leur étaient rendus. Ces ouvriers, le Ministère de la Guerre ne pouvait alors les demander qu'au dépôt qu'ils avaient quitté, pour la plupart, pour aller au front, et comme on était encore engagé dans une guerre de mouvements, les jours s'écoulaient dans l'anxiété sans que les ordres de rappel pussent toucher les hommes. Il en était de même pour les ingénieurs et les directeurs.

Aussi fallut-il, car le temps pressait terriblement, changer plusieurs fois de système, laisser les industriels aller eux-mêmes reconnaître dans les dépôts leurs ouvriers, que beaucoup de chefs de dépôts, qui n'avaient pas encore compris la gravité du problème, ne voulaient pas laisser partir; il fallut répartir entre les usines qui pouvaient marcher, le personnel des usines des régions envahies. Pour aider la découverte dans les dépôts de l'arrière des spécialistes dont on avait un si pressant besoin, le Comité des Forges en organisa la visite. Des officiers spécialement désignés par le Ministre, accompagnés d'ingénieurs capables de discerner les hommes susceptibles, d'après les professions qu'ils avaient exercées, de faire de bons ouvriers, parcoururent en autos les différentes régions, et renvoyèrent d'office dans leurs usines ou à des dépôts spécialement créés à cet effet, tous les hommes des plus anciennes classes dont on avait besoin.

Que, dans cette première mobilisation du personnel ouvrier vers les usines, il y ait eu des erreurs commises, que des soldats se soient dits métallurgistes ou tourneurs alors qu'ils ne l'étaient pas, que certains patrons aient abusé des facilités qui leur étaient données pour embusquer l'un des leurs, tout cela est possible.

Mais ces abus, en fait peu nombreux, furent de bien peu d'importance par rapport au but qu'il fallait atteindre. Il fallait des obus à tout prix, on eut des obus.

D'ailleurs, pour cette question du personnel, comme pour celle des fabrications, ce furent toujours les circonstances elles-mêmes, dont le caractère tragique s'atténua avec le temps, qui obligèrent chacun à faire immédiatement ce qui pouvait être fait. Chacun se rendait compte que, pour sa part, au début, il laissait passer bien des imperfections, bien des erreurs ; dès que cela devenait possible, on s'efforçait de corriger ces imperfections et de remédier à ces erreurs.

C'est ainsi qu'en ce qui concerne le personnel ouvrier, des Services spéciaux furent créés d'abord au Sous-Secrétariat, puis au Ministère de l'Armement par M. Albert Thomas, pour faire revenir les hommes des armées, pour les répartir entre les usines et les y contrôler. Ce Service de la main-d'œuvre devint rapidement l'un des plus importants du Ministère, son rôle s'accrut encore lorsqu'il fallut faire appel à la main-d'œuvre féminine et à la main-d'œuvre étrangère, puis à la main-d'œuvre exotique, et que l'on dut, d'accord avec les industriels, résoudre tous les problèmes du logement, de la nourriture et du salaire, qu'un tel afflux de travailleurs entraînait avec lui.

Le Comité des Forges, intimement mêlé à ces questions à Bordeaux, eut tout d'abord presque entièrement la charge de les résoudre pour la région parisienne, en 1915 ; dès que les Services du Ministère purent assurer complètement la marche de ce Service, le Comité demanda à être relevé de la mission qu'il avait bénévolement assumée. En accédant à sa demande, M. Albert Thomas tint à le remercier de la façon dont il l'avait remplie[1].

Un bureau du personnel mobilisé en usines resta ouvert au Comité, et se mit, jusqu'à la cessation des hostilités, à la disposition de tous les industriels, adhérents ou non, qui s'adressèrent à lui.

Mais à côté du problème du personnel sur lequel nous nous sommes étendus assez lon-

---

1. Voir en appendice l'Annexe XLIII.

guement pour ne pas y revenir, se posait, pour la fabrication des obus de 75, un problème technique tout aussi compliqué.

Devant le programme posé à Bordeaux par M. Millerand aux industriels, il apparut que si l'on voulait atteindre, dans le minimum de temps, les chiffres que le Ministre avait indiqués comme étant absolument nécessaires, il fallait renoncer, pour le moment, au mode normal de fabrication de projectiles. Il n'existait pas alors en France, et il était impossible de faire venir de l'étranger dans un délai suffisamment court, le nombre de presses indispensable pour poursuivre la fabrication des obus par l'ancien système.

On envisagea alors un autre procédé. On pensa qu'étant donné le nombre considérable de tours qui existaient en France dans les différentes industries de la construction mécanique, et principalement dans l'industrie de la construction automobile, on pourrait obtenir immédiatement une production importante d'obus, en procédant par forage dans la barre d'acier[1].

1. Ce procédé consiste à tronçonner les barres d'acier en petits cylindres correspondant au corps de l'obus, et à creuser à l'aide de tours, dans chacun de ces cylindres, le logement où doit être enfermée la charge d'explosif, puis à finir extérieurement l'obus au tour.

Il faut remarquer que, dans ce procédé, le métal, une fois livré en barres, ne subit plus aucun travail de forge; il doit donc posséder immédiatement toutes les qualités nécessaires, au point de vue de la résistance.

En adoptant ce nouveau procédé de fabrication, la

A la réunion convoquée par M. Millerand, le 20 septembre 1914, à Bordeaux, il fut décidé que, pour organiser avec la plus grande rapidité possible la fabrication de 100 000 obus de 75 par jour, cette fabrication serait répartie en France par groupes régionaux. Plusieurs groupes furent constitués le jour même. Le Creusot, Saint-Chamond, puis ultérieurement les grands établissements métallurgiques : Saint-Jacques de Montluçon, Firminy, etc..., les grandes compagnies de chemins de fer, les chantiers maritimes, les arsenaux de la marine, enfin M. Louis Renault constituèrent des groupes et se chargèrent d'organiser, en vue de cette fabrication, la coopération de tous les industriels de leur région, qu'ils durent rechercher et initier à ce nouveau travail. Le Comité des Forges fut plus spécialement chargé d'organiser le groupe de Paris[1] qui, sous l'impulsion de M. Renault,

Direction de l'Artillerie se trouva dans l'obligation d'étudier et d'accepter de suite un nouveau tracé de l'obus renforçant les parois du projectile à certains endroits pour donner aux parois et au culot une force de résistance suffisante, et cela sans changer d'une façon appréciable ni sa capacité, ni son poids, pour ne pas diminuer la quantité d'explosifs qu'il devait contenir, et pour ne pas être obligé, ce qui était d'ailleurs impossible, de refaire les tables de tir.

Il fallut, en même temps, mettre en train la fabrication de la douille, grand récipient de cuivre qui sert à mettre la charge, puis celle de la gaine-relai et de la fusée qui complètent l'obus.

1. Les principales Maisons qui constituèrent à l'origine le groupe Renault furent, avec les quelques Membres du Syndicat des Mécaniciens, Chaudronniers et Fondeurs,

devait devenir un des agents les plus puissants
de la Défense Nationale.

Pour démarrer rapidement, il fallait résoudre,
au fur et à mesure qu'elles se présentaient,
toutes les difficultés que rencontraient fatalement les industriels ; difficultés d'ordre matériel
provenant du manque de matières, de combustible, d'outillage, de personnel ; difficultés
d'ordre technique, résultant de l'adaptation aux
conditions rigoureuses des fabrications du matériel de guerre, d'industries qui jusque-là y
avaient été complètement étrangères ; difficultés
d'ordre administratif provenant des errements
suivis jusqu'alors pour l'établissement et le
règlement des marchés, pour le fonctionnement
du contrôle et de la réception des objets fabriqués.

Aussi, M. Millerand, rompant hardiment avec
les anciennes méthodes compatibles avec le
temps de paix, décida-t-il de continuer et de

que M. Richemont sut entraîner et réunir autour de lui :

Automobiles Brasier;
Établissements Chenard et Walker;
Établissements Clément-Bayard;
MM. Delage et Cie;
Automobiles Delahaye;
Société des Établissements Delaunay-Belleville;
Établissements de Dion-Bouton;
Société l'Éclairage-Électrique;
Société Lorraine des Anciens Établissements de Dié-
     trich et Cie;
Société des Anciens Établissements Panhard et Levassor;
Automobiles Renault ;
Automobiles Unic.

rendre permanents les rapports qu'il avait eus avec les industriels pour organiser la fabrication des obus de 75. D'abord, tous les huit jours, puis tous les quinze jours, à Bordeaux, ensuite tous les mois à Paris, le Ministre de la Guerre, puis celui de l'Armement, réunit sous sa présidence, avec ses principaux Chefs de Services, les Directeurs des grands établissements de l'industrie privée, les Chefs de groupes et les représentants du Comité des Forges et de la Chambre syndicale du Matériel de Guerre.

Ces réunions se poursuivirent pendant toute la durée de la guerre, en s'étendant successivement à tous les titulaires de marchés importants de munitions et de matériel d'artillerie. M. Albert Thomas, qui avait reçu de M. Millerand cette conception très heureuse, lui fit rendre tous ses effets utiles, lorsqu'il créa et organisa le Ministère de l'Armement, et en fit, à l'égal de nos armées, l'instrument de la victoire.

Pendant les quatre années de la guerre, la veille de chacune de ces réunions mensuelles, une réunion préparatoire avait lieu rue de Madrid, sous la présidence de M. Léon Lévy, président de la Chambre syndicale du Matériel de Guerre. Tous les intéressés, dont les trois quarts n'appartenaient pas à nos groupements professionnels, venaient apporter et examiner en commun les demandes et les observations qu'ils avaient l'intention de présenter le lendemain au Ministre. De ces réunions préparatoires,

grâce à la haute valeur technique et à l'autorité
morale du Président, sortait toujours un certain
nombre de questions claires et précises, présentant véritablement un caractère d'intérêt
général ; elles étaient communiquées au Ministre avant la séance officielle. Le Ministre
pouvait ainsi donner aux intéressés, à ses
Chefs de Services, et aux Inspecteurs des
Forges, des réponses et des directives qui, sup-
primant la lenteur ordinaire des formalités ad-
ministratives, empêchaient tout arrêt et même
tout ralentissement dans le travail des usines.
Un procès-verbal de ces réunions et des décisions prises, auquel chacun pouvait se référer,
était immédiatement rédigé et signé contradic-
toirement par un délégué du Ministre et le
Secrétaire général du Comité des Forges.

Bien souvent, au cours de cette longue guerre,
quand le Ministre communiquait aux industriels
les demandes du grand État-Major, et que l'on
voyait s'élever à plusieurs centaines de mille,
le nombre d'obus de tous calibres, à fabriquer
par jour, puis quand furent abordés, avec
toute la complexité qu'ils comportaient, les
programmes du matériel d'artillerie : augmentation des pièces de 75, création d'une puissante
artillerie lourde — les problèmes à résoudre
parurent insolubles. L'impérieuse nécessité du
devoir à accomplir était telle, la collaboration
entre les Chefs de Services du Ministère, tous
hommes de grande valeur, et les Industriels,

était si bien établie que l'impossible finissait toujours par se réaliser. On se rappelait, et c'est cela qui soutenait tous les courages et permettait toutes les espérances, les jours de Bordeaux, où tout manquait : personnel, matières, outillage ; où chacun, croyant le problème plus facile à résoudre ou se fiant à des concours, qui subitement faisaient défaut, avait fait des promesses qu'il ne pouvait tenir ; où, à l'interrogation anxieuse du Ministre, on était obligé de répondre que le nombre promis de tel ou tel élément de la cartouche du 75 n'avait pas été atteint, et où on constatait que, tandis que nos réserves étaient presque complètement épuisées, la production ne démarrait pas avec l'allure indispensable. On se souvenait de toute cette histoire déjà ancienne, des tours de force qu'on avait réussis, et on trouvait tout naturel que le Ministre pensât que le mot impossible n'était plus français.

Après que la fabrication des obus de 75 eut été bien lancée et qu'on fut revenu rapidement, par l'achat à l'étranger et la fabrication en France de tout l'outillage indispensable, aux procédés normaux de fabrication, qui seuls purent faire disparaître complètement les accidents du début, on entreprit successivement celle des obus de gros calibres en fonte aciérée et en acier, puis celle du matériel d'artillerie.

Ce fut alors que commencèrent, pour se poursuivre pendant toute la guerre, sur toute la surface du territoire, les agrandissements des usines existantes et la création de très nombreuses et de très grandes usines nouvelles. Ce fut pour aider à ces fabrications et à ces travaux que le Ministre de l'Armement confia au Comité des Forges les missions que nous avons décrites au chapitre précédent.

Mettant ainsi ses services, et la connaissance qu'il avait du talent d'organisation de certains industriels, à la disposition de la Défense Nationale, le Comité fut souvent assez heureux pour appeler l'attention des Ministres de la Guerre et de l'Armement sur des hommes de haute valeur. Les Établissements qu'ils créèrent de toutes pièces, permirent, en approvisionnant largement notre armée de munitions, de rendre les Établissements de l'Artillerie et les grands Établissements de l'Industrie privée à la fabrication du matériel d'artillerie pour lequel de véritables prodiges furent accomplis.

Nous n'avons pas besoin d'ajouter qu'en donnant ces indications au Ministre, aussi bien qu'en toute autre circonstance, le Comité des Forges tint scrupuleusement à ne jamais se mêler de la question des prix auxquels ces marchés furent traités. C'était affaire aux Industriels et aux Services compétents. D'ailleurs, en instituant auprès de lui une Commission des contrats spécialement chargée de l'examen de ces questions, M. Albert

Thomas assura à l'État et aux Industriels les garanties auxquelles les deux parties avaient droit.

Nous en aurions fini avec ce rapide exposé des concours que, pendant toute la durée de la guerre, le Comité des Forges donna à la Défense Nationale, si certaines circonstances ne l'avaient amené à s'occuper d'une question qui fut, à un moment donné, des plus préoccupantes et à laquelle il contribua à donner une solution : c'est de la question des fusils que nous voulons parler.

Les personnes qui furent un peu initiées aux choses de la guerre, se rappelleront certainement que, dans le courant de 1915, la question de nos approvisionnements en fusils se présenta tout à coup avec une extrême gravité.

Les stocks s'épuisaient, l'instruction de nouvelles formations ne pouvait se poursuivre comme il l'eût fallu, les dépôts manquant d'armes. Nos arsenaux avaient conservé les anciens fusils Gras, on en distribua aux formations de l'arrière, et on se mit à les transformer dans les établissements militaires. Mais quelle que fût la valeur que pouvait encore conserver théoriquement ce fusil, le seul fait de ne pas posséder un magasin lui enlevait toute valeur, au point de vue du moral, pour le soldat qui en était armé, lorsqu'il se trouvait devant des ennemis munis de fusils à répétition.

On chercha alors à se procurer des fusils à l'étranger; ce fut un bon moment pour les intermédiaires et les spéculateurs, il dut en venir de tous les coins du monde; on n'entendait parler que de gens ayant cinq ou six cent mille fusils à leur disposition, et quand on venait au fait et au prendre, on ne trouvait rien, sinon une affaire.

Aussi M. Millerand, alors Ministre de la Guerre, estima-t-il que là encore il fallait demander un effort à l'industrie privée.

Le problème était ardu, car jusqu'alors, seuls les établissements de l'État avaient détenu le monopole de cette fabrication; or, celle-ci a toujours été considérée, à juste titre d'ailleurs, comme une spécialité dans laquelle on ne peut espérer le succès qu'avec l'appoint d'une expérience acquise de longue date, dans un labeur persévérant. L'on se heurtait ainsi, dès l'abord, plus encore que dans d'autres fabrications de guerre, au facteur « temps » qu'il importait cependant, pour tant de raisons majeures, d'économiser jusqu'à la dernière limite.

Une solution pouvait paraître la plus simple, c'était de diviser entre les industriels reconnus les plus aptes, des commandes de fusils au prorata de leurs capacités. Étant donné les quantités à commander et les productions à prévoir, il ne pouvait être question pourtant de les réaliser sans adopter dès l'abord

R. PINOT. — Comité des Forges.   13

le principe qui règle les fabrications en grandes séries, à savoir la création préalable d'un outillage perfectionné tout à fait complet. Malheureusement, cet outillage est, par sa nature même, lent à établir, et sa mise en service ne se fait jamais sans une mise au point qui demande un délai toujours à prévoir. Commander à chacun des industriels un certain nombre de fusils complets, revenait donc à imposer à chacun d'eux un travail préliminaire extrêmement important, qui aurait nécessité un temps très long, et constitué en fait, vu les circonstances, un véritable gaspillage d'énergie. Il eût fallu, de plus, limiter son choix au très petit nombre d'industriels capables d'envisager pareil effort.

Une autre méthode, la seule judicieuse en la circonstance, consistait, non à commander des fusils complets, mais à répartir entre chacun des industriels choisis les différents types de pièces qui composent une arme, et à faire fabriquer à chacun d'eux la totalité des pièces nécessaires pour chacun des types qui leur seraient attribués. De la sorte, chacun d'eux portait son effort, dans la création et la mise en route de l'outillage, sur un type de pièces bien déterminé et nul n'effectuait un travail faisant double emploi avec celui de l'un de ses associés.

On conçoit toutefois nettement dès l'abord les difficultés que présente dans l'application pareille division du travail, où les efforts individuels doivent continuellement tendre vers un but unique.

Aussi voit-on que les meilleurs esprits étaient anxieux et se demandaient si l'industrie privée pouvait faire cet effort; et si, le tentant, elle pouvait réussir.

A la première question, ce qui venait de se passer pour les obus de 75 permettait de répondre affirmativement. Quant à la seconde, il y eut des hommes de grande valeur qui ne purent s'empêcher d'en douter.

Faire ainsi des pièces au 300ᵉ de millimètre? Seuls les Établissements de l'État pouvaient atteindre ce degré de précision. Le plus simple était d'aller voir.

Après une visite minutieuse faite par quelques-uns des grands maîtres de la Construction mécanique parisienne, qu'avait réunis le Comité des Forges, visite qui fut extrêmement facilitée par les dirigeants de la Manufacture d'Armes de Saint-Étienne, il fut décidé que l'opération serait tentée.

Comme au cours de cette visite, il avait été constaté que la production journalière des différents éléments dont se compose le fusil : canon, culasse mobile, mécanisme, garniture, hausse, magasin, baïonnette, etc., n'était pas équilibrée ; et qu'ainsi la Manufacture de Saint-Étienne ne pouvait, en fait, sortir chaque jour que le nombre de fusils qui correspondait

à l'élément fabriqué en moins grande quantité,
le Comité pensa pouvoir proposer au Ministre
d'entreprendre la fabrication des éléments défi-
citaires.

Si l'expérience échouait, on n'aurait pas
tout au moins empiré la situation actuelle ; si
elle réussissait et si les pièces fabriquées par
l'industrie privée étaient exactes au 300ᵉ de
millimètre près, un sérieux appoint serait donné
à la Manufacture d'Armes, et on pourrait voir,
dans la suite, à faire mieux encore.

C'est ainsi que la Manufacture de Saint-
Étienne demanda tout d'abord aux industriels
qu'avait réunis le Comité des Forges, d'entreprendre immédiatement la fabrication des
éléments suivants : culasse mobile, mécanisme,
garniture, hausse, baïonnette.

Mais chacun de ces éléments se composait
de plusieurs pièces, et si on voulait que le
travail partît rapidement et donnât immédiatement des résultats, il fallait qu'un même
industriel n'eût pas à monter l'outillage
de toutes les pièces de chaque élément et
n'entreprît la fabrication que d'une seule
pièce.

Il en fut ainsi décidé, les pièces de chaque
élément furent réparties, au cours des réunions
qui eurent lieu rue de Madrid, entre des groupements d'industriels ; un seul fut titulaire
vis-à-vis du Ministère de l'Armement du marché
de l'élément complet, ce fut son affaire de

sous-traiter avec les collègues de son groupe[1].

Comme il pouvait arriver que dans chaque groupe, la faute ou la négligence d'un seul causât un retard dans la livraison de l'élément traité, chaque membre de chaque groupe versa spontanément, dans la caisse du Comité des Forges, un cautionnement important et reconnut au Comité directeur le droit de le frapper d'une forte pénalité s'il y avait faute de sa part.

Mais il ne suffisait pas d'avoir imaginé la combinaison et d'avoir réuni les industriels capables d'y participer, il fallait, pour la faire aboutir, des dispositions toutes spéciales, appliquées et mises au point dans tous leurs détails, et interprétées d'une façon efficace par un organisme central particulièrement compétent; de lui dépendait entièrement la réussite de la combinaison. Et dans cette circonstance, comme toujours, la combinaison, l'organisme, tout se résumait dans l'homme qu'on allait mettre à sa tête.

Or cet homme existait, il se trouvait même accidentellement à Paris, c'était M. Galopin, le Directeur de la Manufacture d'Armes d'Herstal; M. Nicaise, Administrateur-Délégué de la Société Lorraine Diétrich, l'indiqua au Comité, qui demanda immédiatement à M. le Ministre de la Guerre d'obtenir du Gouverne-

---

1. Voir en appendice la liste des Industriels qui com posaient le Groupement des armes portatives. (Annexe XLIV.)

ment belge qu'il fût mis à sa disposition.

C'est ainsi que M. Galopin, ayant installé ses bureaux rue de Madrid, réussit à faire collaborer, dans la plus étroite union, des ateliers de moyenne et de petite mécanique, qui, en temps de paix, n'avaient aucune relation. Autour des constructeurs d'automobiles qui, tout naturellement, formaient le premier noyau, vinrent se grouper des constructeurs de machines à broder, d'appareils cinématographiques, de machines à empaqueter, de machines à fabriquer les chaussures, des fabricants de petit outillage, de machines-outils, de machines électriques, etc.

Sous l'impulsion de l'organisme centralisateur, dirigé par M. Galopin, ce groupe de constructeurs a résolu, à la plus grande satisfaction du Ministère de l'Armement, le problème qui lui avait été posé. Dans les délais les plus courts qu'il était possible d'atteindre, il a fourni aux manufactures de l'État, dans des conditions techniques irréprochables, presque inespérées, les éléments de plus de huit cent mille fusils.

En disant que tout le mérite en revient à M. Galopin, nous ne faisons que traduire le sentiment de tous ceux qu'il a dirigés ou qui l'ont vu à l'œuvre.

Dès lors, l'exemple était donné : d'autres groupements similaires suivirent, qui réalisèrent des fabrications du même genre, telles que celle du fusil semi-automatique R. S. C. et celle de la mitrailleuse Vickers pour l'aviation.

On peut dire enfin que les différents groupements de constructeurs de moteurs d'aviation qui se créèrent ensuite, n'ont été rendus possibles que par le succès remporté par le « Groupement des Constructeurs Français d'Armes portatives. »

*
* *

Nous signalerons encore l'intervention de l'Union des Industries Métallurgiques et Minières et du Comité des Forges dans certaines opérations du Trésor à l'étranger.

Le Gouvernement français demanda à plusieurs reprises, au cours de la guerre, à l'Union des Industries Métallurgiques et Minières et au Comité des Forges de lui prêter leur concours pour la réalisation d'opérations financières destinées à faciliter au Trésor ses paiements aux États-Unis et en Suisse.

On sait que le ravitaillement de nos armées, l'entretien et le renouvellement de notre matériel de guerre ont exigé d'énormes quantités de matières premières et d'approvisionnements, dont la majeure partie dut être demandée à l'importation.

Les paiements que le Trésor avait à faire de ce chef à l'étranger, présentaient pour le Gouvernement de sérieuses difficultés, en raison de l'importance des sommes en jeu.

Préoccupé de soutenir notre change et d'éviter l'exportation de nos réserves d'or, il eut recours à diverses combinaisons financières.

L'opération à laquelle il s'arrêta pour une partie de ses achats aux États-Unis consista à s'effacer derrière ceux d'entre les industriels français, dont la notoriété et la situation étaient telles qu'ils pouvaient demander et obtenir des ouvertures de crédits dans les banques américaines. Les fonds qui en proviendraient devaient être ensuite employés par l'État pour ses paiements aux États-Unis. Après avoir étudié, avec les Représentants du Comité des Forges et de l'Union des Industries Métallurgiques et Minières, la meilleure voie à suivre pour réaliser cette opération, le Gouvernement demanda à l'Union de lui servir d'intermédiaire auprès des industriels, et celle-ci se préoccupa aussitôt de s'assurer le concours, non seulement des grandes entreprises métallurgiques, des sociétés minières et des établissements de construction mécanique, mais encore des principaux représentants des industries des produits chimiques, des explosifs, du pétrole, etc.

En même temps, et d'accord avec le Gouvernement, des négociations étaient poursuivies par l'Union auprès des banquiers américains, et aboutissaient à la conclusion d'un contrat officiellement désigné sous le nom de

« French Industrial Credit of November 11th 1916 » et dont les principales clauses étaient les suivantes :

Un syndicat de banques américaines, à la tête duquel se trouvaient la « Guaranty Trust Company », la « Bankers Trust Company » et la Banque Bonbright de New-York, ouvrait aux industriels français participant à l'opération un crédit de cent millions de dollars, divisé en deux tranches de cinquante millions de dollars, la première souscrite ferme, la seconde faisant l'objet d'une option pour laquelle un délai de trois mois était laissé aux banques américaines.

La durée du crédit était fixée à dix-huit mois. Il devait en être fait usage par l'acceptation de traites tirées par les industriels français individuellement sur les banques américaines faisant partie du Syndicat.

Ces traites étaient à 90 jours et devaient être renouvelées cinq fois, les dernières venant à échéance le 16 juillet 1918. Chacun des industriels français devait s'engager pour une somme déterminée et signer ensuite des traites pour le montant de cet engagement.

Le paiement des traites, après le cinquième renouvellement, était garanti par le dépôt dans les caisses du Syndicat américain d'obligations du Trésor français, émises spécialement dans ce but pour une somme de cinquante milions de dollars. A titre de garantie supplémentaire, des titres de pays neutres d'une valeur totale de dix millions de dollars devaient être, en outre, déposés à la Banque de France, à Paris, aux ordres des banquiers américains.

Au demeurant, l'opération ne devait se traduire pour les industriels français par la réalisation d'aucun bénéfice pécuniaire. Ils prêtaient simplement à l'État leur signature pour la création et le renouvellement des traites, le faisant bénéficier de leur situation sur le marché américain pour lui faciliter le paiement de ses achats. Il convient d'ajouter que l'État français entendait assumer les frais et les risques de l'opération.

L'appel fait par l'Union des Industries Métallurgiques et Minières auprès des industriels rencontra un accueil empressé. Soixante-quatorze établissements et sociétés donnèrent aussitôt leur adhésion et contractèrent des engagements variant de 200 000 dollars à 3 500 000 dollars. Le total des engagements atteignit sans peine les cent millions de dollars demandés, qui ne furent d'ailleurs pas nécessaires, la première tranche du crédit (cinquante millions de dollars) ayant été seule ouverte par les banquiers américains.

Malgré le court délai donné à l'Union des Industries Métallurgiques et Minières pour s'assurer les concours nécessaires et aux industriels pour décider leur participation, l'opération répondit pleinement à l'attente du Gou-

vernement français[1]. Celui-ci, par l'organe
de M. Ribot, Ministre des Finances, tint à exprimer à l'Union et au Comité des Forges tous
les remerciements du Gouvernement pour le
brillant résultat de cette opération, et pour le
travail considérable qu'elle avait donné aux
Secrétariats de l'Union et du Comité des
Forges, qui, une fois encore, s'étaient mis gracieusement au service du Gouvernement.

Le concours de l'Union et du Comité fut
encore utilisé par le Gouvernement pour la
réalisation en Suisse, d'opérations analogues
au « French Industrial Credit », mais portant
sur des sommes moins élevées.

En vertu d'une convention conclue entre
les Gouvernements français et suisse, ce dernier autorisa un groupe de banques suisses à
consentir à un groupe de banques françaises
des avances successives qui s'élevèrent au
total à cent quatre-vingt-dix millions de francs
suisses.

Ces avances devaient être réalisées au moyen
de billets de change à trois mois souscrits par
des établissements industriels français à l'ordre
des banques françaises, et présentées par ces
dernières à l'escompte des banques suisses.

Ainsi qu'il l'avait fait pour l'opération de
crédit aux États-Unis, le Comité des Forges

---

1. Plus des 2/3 de cette somme, soit 35 millions de
dollars sur 50 millions ont été souscrits par les établissements métallurgiques.

s'entremit auprès des grands établissements industriels pour obtenir d'eux l'engagement de souscrire les billets nécessaires. Son appel reçut le même patriotique accueil.

***

Ces quelques exemples suffiront pour donner une idée, assurément très réduite, de l'activité que le Comité des Forges déploya, pendant les années que dura cette longue guerre, pour se mettre au service de la nation.

Toutes les fois que le Ministère de l'Armement fit appel à la collaboration et au concours du Comité pour régler soit des questions industrielles, soit des questions ouvrières, et elles furent nombreuses et délicates, il le trouva prêt; toutes les fois que les industriels qui avaient besoin de son aide, vinrent le lui demander, ils le trouvèrent prêt; ils savaient que le Comité se considérait comme étant à leur service, par le seul fait qu'ils travaillaient pour la Défense Nationale.

Qu'il nous soit permis de remercier ici les hauts fonctionnaires et les Chefs de Service de ce Ministère, du bienveillant accueil qu'ils voulurent bien nous réserver en toutes circonstances. Ces hommes, qui supportèrent eux aussi le poids du jour et rendirent à la patrie d'inappréciables services, s'étaient vite rendu compte que les collaborateurs du Comité ne recherchaient qu'à prendre leur part de la tâche commune, et que, comme eux, ils servaient le pays avec le plus complet désintéressement.

Nous voudrions aussi qu'il nous soit permis d'exprimer ici à MM. les Ministres de la Guerre et de l'Armement, et en particulier à M. Albert Thomas, notre gratitude pour la confiance qu'ils n'ont cessé de témoigner au Comité des Forges, et pour la continuité de la collaboration qu'ils ont bien voulu lui demander du premier au dernier jour de cette longue guerre. Ils savaient que nous étions à leur entière disposition et que la seule façon de nous remercier d'un service rendu à la Défense Nationale, était de nous demander d'en rendre un autre.

A Bordeaux[1] comme à Paris nous avons vécu à côté d'eux des heures douloureuses et pleines d'angoisse patriotique; sous leur impulsion, et grâce à leur haute direction, l'industrie française, qui, comme eux, n'a jamais douté de la Victoire, a accompli des prodiges qui, lorsqu'ils seront connus, rempliront nos ennemis eux-mêmes d'admiration.

1. Voir la Conférence faite le 20 mars 1916, à l'École des Sciences Politiques, sur les Industries Métallurgiques et la Guerre, par M. Robert Pinot, dans laquelle est exposée l'œuvre décisive de M. Millerand.

CHAPITRE VI

La Métallurgie après l'armistice.

Il avait toujours été évident au cours de la guerre, pour tous ceux qui réfléchissaient, qu'au jour de l'armistice la situation des industries qui, pendant ces quatre années, avaient travaillé uniquement ou presque uniquement pour la Défense Nationale, allait devenir critique.

Le Gouvernement ne pouvait, sans risquer de compromettre gravement l'ordre public dont l'État a la charge, laisser du jour au lendemain sans travail une population de plus de 1 500 000 travailleurs, sans manquer au devoir fondamental qui s'impose à tout employeur, puisqu'en fait, à travers les patrons, c'était l'État qui s'était réservé toute la faculté de production des industries de guerre.

Allait-on, cette fois encore, ne rien prévoir au point de vue industriel, se laisser surprendre par la paix comme on s'était laissé surprendre par la guerre, allait-on procéder, dans l'incohérence et le gaspillage des finances publiques, au passage du régime des fabrications de guerre au régime des fabrications de paix ?

Il est évident que l'on avait comme ressource de continuer, pendant un certain temps, à fabriquer des obus et des canons qui ne devaient plus servir, et des explosifs qu'il faudrait noyer ; on était aussi certain d'obtenir du Parlement des crédits pour des secours de chômage. Mais était-ce à de tels expédients qu'il fallait se laisser acculer, alors surtout qu'il était indispensable pour la santé morale du Pays, pour la reconstitution des régions libérées, et pour la restauration de nos finances publiques, de reprendre au plus vite notre activité industrielle d'avant guerre ?

Mais cela, il faut le reconnaître, était terriblement compliqué.

Si nous prenons les seules industries sur lesquelles nous ayons quelques lumières, — la métallurgie et la grande construction mécanique — il était facile, même au plus fort de la guerre, de se rendre compte, qu'absorbées entièrement par les besoins du Ministère de l'Armement, elles ne pourraient, au lendemain du jour, alors inconnu, de l'armistice, travailler pour leur clientèle ordinaire : compagnies de chemins de fer, armateurs, outillage industriel, magasins des Marchands de fer, entrepreneurs de travaux publics, si, avant ce jour et pendant la guerre, elles n'avaient reçu de ces clients des ordres fermes à mettre en exécution au lendemain de l'armistice.

Ce problème demandait à être examiné en mettant tout d'abord à part les commandes sur lesquelles l'État pouvait avoir une action directe, pour s'occuper ensuite de celles sur lesquelles son action, pour importante qu'elle fût, ne pouvait être qu'indirecte.

Il est évident qu'il ne dépendait pas immédiatement de l'État que le « bâtiment » reprît, que le commerce eût besoin de moyens de transport privés, que les différentes industries fussent dans la nécessité de renouveler ou de compléter leur outillage, et que, par conséquent, la Métallurgie dût fournir sans délai des poutrelles, des tôles, des fers et des aciers, etc. Mais il dépendait de la prévoyance de l'État que ces choses fussent possibles.

En tout cas, ce que l'État pouvait et devait faire, autant dans l'intérêt de l'industrie, que pour accomplir son devoir, c'était de passer ou de faire passer les commandes qu'il avait en mains, ou sur lesquelles il avait action, et cela pendant les hostilités, de telle façon qu'elles pussent être entreprises dès le lendemain du jour de l'armistice.

Et ces commandes étaient de telle nature, qu'en les passant ou en les faisant passer, l'État ne faisait que remplir une de ses fonctions essentielles, qui est d'assurer les services publics, et en particulier celui des transports.

On savait devant quelle crise de transports on s'était trouvé depuis le début de la guerre ; tout laissait prévoir que le matériel des chemins de fer, comme celui de la marine marchande, serait encore plus réduit et plus fatigué à la fin de la guerre. On savait que, pour la reprise des affaires et le ravitaillement du pays, rien d'utile ne pourrait être fait si la crise endémique des transports n'était pas conjurée. On savait que, pour remédier à cette crise, il n'y avait qu'un seul moyen : commander en vue de livraison dans les plus courts délais, des locomotives, des voitures, des wagons, des navires.

On ne pouvait objecter que c'était affaire aux Compagnies de Chemins de fer et aux Armateurs.

Tout d'abord l'État, en réquisitionnant la flotte de la marine marchande, s'était engagé à remplacer en nature, dans un délai de trois ans, les navires perdus. Il avait, au point de vue des voies ferrées, son propre réseau à pourvoir, il savait que, dans la situation financière où la guerre avait mis les Compagnies de Chemins de fer, il leur était très difficile, pour ne pas dire impossible, de passer des commandes, tant que cette situation ne serait pas réglée ; il savait que, dans la circonstance, il ne pouvait, — il ne l'a pas fait d'ailleurs, —

se dérober à son obligation de se substituer aux Compagnies.

Voyons ce qui a été fait dans cet ordre d'idées.

Quelles furent les prévisions?

Quelles furent les réalisations?

Le 17 décembre 1917, une note était remise par la Chambre Syndicale des Fabricants et Constructeurs de Matériel de Chemins de fer à M. le Ministre des Travaux Publics lui indiquant quelles seraient, au jour de l'armistice, alors que leur liberté de travail leur serait rendue, les disponibilités des ateliers de construction situés en territoire libre, et quelles pouvaient être, dans le délai nécessaire à leur restauration, celles des ateliers situés en territoire encore occupé.

Cette note concluait ainsi :

« Il ressort de ce qui vient d'être dit qu'au lendemain de la guerre les usines et ateliers situés en territoire libre, pourront construire un nombre de locomotives et de wagons bien supérieur à celui qu'ils construisaient avant la guerre.

« Ils ne paraissent pouvoir être arrêtés dans cette voie que par les difficultés d'approvisionnement en matières premières.

« Devant cette situation, deux questions se posent autant à l'attention du Gouvernement qu'à celle des industriels :

« 1° Les ateliers et usines qui seront en état, dès le lendemain de la guerre, de construire du matériel roulant, ne pourront se mettre à ce travail que si *les commandes leur sont passées dès à présent*, de façon à leur permettre d'organiser le travail et de s'assurer les matières premières dont ils auront besoin. Ce dernier point est particulièrement à retenir, car les usines métallurgiques, dont toute la production de métal est réservée à l'heure actuelle au Ministère de l'Armement, ont, dans leur marché, une clause qui leur ordonne de cesser la fabrication du métal le jour même de la signature de l'armistice mettant fin aux hostilités ; il est entendu que les opérations en cours seront terminées.

« Il résulte de cette disposition que, le lendemain de l'armistice, les usines métallurgiques auront leurs disponibilités de travail et de matières à la disposition de ceux qui auront su se les assurer auparavant. Or, il paraît évident que ces disponibilités seront, en première ligne, nécessaires à la réorganisation des transports. Si l'on veut donc qu'elles soient affectées aux constructeurs de matériel roulant, il est de toute urgence de mettre ceux-ci à même de passer, dès maintenant, des ordres aux Forges, de façon que le lendemain du jour indéterminé de la signature de l'armistice, les usines métallurgiques puissent commencer immédiatement l'exécution de ces ordres.

« Si une telle précaution n'est pas prise, et si l'on attend le jour même de l'armistice pour se préoccuper de cette question, il y a tout lieu de croire qu'il s'écoulera une période plus ou moins longue pendant laquelle les usines métallurgiques, dont les produits sont cependant si nécessaires, pourront se trouver en chômage partiel, et, en tout cas, ne travailleront pas pour approvisionner les ateliers de construction de matériel roulant. Cette éventualité se produirait si les pouvoirs publics attendaient le jour de l'armistice pour agir sur les Compagnies de Chemins de fer et les amener à passer des commandes aux constructeurs, commandes qui motiveront des ordres en métallurgie.

« Quand nous disons qu'un délai d'une certaine étendue sera nécessaire pour que ces différents ordres partent des Compagnies pour aller aux constructeurs et de là aux usines métallurgiques, nous n'exagérons rien. Et, pendant que ce délai courra, non seulement le travail indispensable ne s'accomplira pas, les transports resteront désorganisés, mais l'État sera peut-être obligé de donner des secours de chômage à des ouvriers dont le travail sera cependant de toute nécessité.

« Il paraît donc nécessaire que l'État entre en pourparlers dès maintenant avec les Compagnies de Chemins de fer, et les mette à même de donner, le plus tôt possible, des ordres aux constructeurs de matériel roulant, de façon que ceux-ci puissent passer leurs commandes à la métallurgie et que ces commandes puissent être exécutées par les Forges au lendemain même de l'armistice.

« 2° La deuxième question est connexe à la première, en ce sens que, s'il est nécessaire que des commandes soient passées dès maintenant pour assurer l'activité des usines métallurgiques et des ateliers de construction, il est tout aussi nécessaire que les usines et ateliers situés dans la région envahie, et qui vont avoir au lendemain de la libération du territoire à arrêter les bases de leur reconstitution, sachent devant quel programme ils vont se trouver.

« Il suit, comme une conséquence nécessaire des questions que nous venons de poser, que le Gouvernement a le devoir étroit de faire une enquête approfondie sur les besoins éventuels en matériel roulant des Compagnies de Chemins de fer pendant la période d'au-moins dix années qui suivra la guerre. Tout le monde conviendra qu'il est impossible à une industrie d'adapter ses nouveaux moyens de production ou de reconstruire ses ateliers, si elle ne sait pas quels seront les besoins de ses clients naturels.

« Il est évident que les Compagnies de Chemins de fer, pour dresser les bilans qu'on leur demande, sont en face d'un certain nombre

d'inconnues. Elles ne savent pas dans quel état
sera leur matériel actuel à la fin des hostilités,
ni ce qui leur arrivera du matériel commandé
à l'étranger, ni ce qui restera à la France du
matériel importé par les Anglais et les Américains pour leurs propres besoins. Elles ne
savent pas non plus dans quel état financier
elles se trouveront, et quelles seront les ressources sur lesquelles elles pourront compter
pour commander du matériel pour une longue
période. Certaines de ces questions peuvent
cependant être facilement résolues et des
garanties peuvent être données aux Compagnies, qui leur permettent d'assurer les services dont elles ont charge.

« Mais ce que tout le monde sait, c'est que
le matériel qui restera sur les réseaux français,
quelle qu'en soit la quantité, sera terriblement
fatigué, qu'il sera certainement insuffisant pour
assurer tous les travaux qui suivront la libération du territoire et la reprise de l'action
économique et que, quel que soit le régime
financier des Compagnies et les garanties que
l'État sera amené à leur donner, il est de toute
nécessité que des mesures soient prises pour
assurer le trafic par des commandes de matériel pour un certain nombre d'années, si
l'État ne veut pas s'exposer à une crise grave
qui entraverait la reprise du travail qui,
seule, assurera la restauration des finances
publiques. »

Le problème était, nous le croyons du moins, nettement posé pour le matériel roulant des voies ferrées, et l'urgence de le résoudre n'était pas dissimulée.

Pour la Marine marchande, les renseignements utiles furent donnés au Gouvernement par la Chambre Syndicale des Constructeurs de Navires pendant toute la durée de la guerre.

La correspondance échangée par les Constructeurs, au cours des hostilités, avec le Sous-Secrétariat de la Marine marchande, pour obtenir du Gouvernement des matières et du personnel, emplirait des volumes.

Dans le Rapport du Conseil d'administration de la Chambre Syndicale des Constructeurs de Navires et de Machines marines sur le fonctionnement de la Chambre Syndicale pendant l'exercice 1917, on lit ceci :

« Lors de notre dernière Assemblée (janvier 1917), nous vous exprimions notre inquiétude pour les lendemains de la guerre. Or, nous voici à l'armistice et la paix va venir. Au vide des destructions à réparer, nous opposions la pénurie effrayante du matériel naval et cette vision est devenue réalité. Le problème de la réfection de la Marine marchande se pose aujourd'hui encore. Qu'a-t-on fait pour sa solution? La flotte commerciale française, déjà insuffisante avant la guerre avec ses 2 500 000 tonnes, nous apparaît actuellement diminuée de 40 pour 100 de son tonnage primitif, et les

1 400 000 tonnes, qui lui restent en ce moment, sont bien dépréciées par l'effort continu d'une navigation intense. Beaucoup de navires sont à réparer, beaucoup à réformer.

« Privés de leur personnel spécial par la mobilisation, se reconstituant peu à peu, mais pour se mettre entièrement au service des Ministres de la Guerre et de l'Armement, nos chantiers ne purent songer à reprendre leur fonction normale que lorsque la guerre sous-marine commença à faire des vides inquiétants dans les rangs de notre Marine marchande.

« Mais alors, en même temps qu'on les appelait à l'œuvre, ils ne purent obtenir ni le retour de leur personnel spécial, ni surtout les matières dont ils avaient besoin.

« Cependant, devant la persistance de la guerre sous-marine, le Sous-Secrétariat de la Marine marchande entreprit de passer aux chantiers un certain nombre de commandes, et de leur faire obtenir les matières nécessaires pour leur construction. Ce régime dure encore. Quelque faible qu'ait été cet appui, il nous fournit aujourd'hui quelques éléments de travail, les seuls à peu près qui permettent de ne pas fermer nos chantiers.

« Nous ne pouvions que nous résigner à cette situation, mais nous devions en même temps nous préoccuper au plus haut point de l'avenir de notre industrie au moment où les travaux de la paix viendront supplanter les travaux de

la guerre. Dans nos chantiers, le travail ne
peut pas s'improviser : de longs mois s'écoulent
entre le moment où nous recevons une commande et celui où les matières arrivées à pied
d'œuvre permettent d'occuper notre personnel.

« Vous vous souvenez de nos efforts pour
obtenir de nos clients naturels, les armateurs,
un programme de commandes à exécuter dès la
fin de la guerre; préoccupés à la fois des
délais et des prix, les armateurs ne nous
cachèrent pas que, devant les imprécisions où
nous étions à ce sujet, ils étaient conduits à
s'adresser aux constructeurs anglais, car ils
étaient certains ainsi d'obtenir des navires à
des prix de concurrence. Ils passèrent néanmoins à nos chantiers un chiffre assez important de commandes, mais généralement sous
réserve qu'il n'y serait donné suite que le jour
où le prix des matériaux serait suffisamment
réduit. La plupart de ces commandes sont
encore suspendues à l'heure actuelle.

« D'autre part, M. le Commissaire de la
Marine marchande, préoccupé de l'avenir de
notre marine et de la situation de notre industrie, prit l'initiative, vers le milieu de l'année 1918, d'établir un vaste programme de constructions navales, ayant pour effet, d'abord le
remplacement du tonnage perdu par fait de
guerre, soit environ 860 000 tonnes, puis le
développement de notre matériel naval. Ce
programme comportait une dépense de 2 mil-

liards et son exécution devait se faire dans un délai de cinq ans. »

Là encore, pour les constructions navales, le problème était nettement posé, son urgence n'avait pas besoin d'être soulignée.

Voyons maintenant quelles furent les réalisations.

Pour la construction navale, le programme de 2 milliards n'a même pas été présenté au Parlement.

Un crédit plus modeste de 100 millions a été inscrit au budget pour permettre au Haut-Commissaire de passer des commandes en vue du remplacement des navires réquisitionnés qui furent détruits.

A la date du 1er mai, aucune commande de navire n'avait été encore passée à aucun chantier.

Pour le matériel de chemins de fer, les premières commandes furent passées aux constructeurs vers le milieu d'avril, soit 6 mois après l'armistice.

Nous constatons, nous ne nous permettons pas de faire plus, tout élément d'appréciation nous faisant défaut ; et mieux que personne, nous savons combien ces questions sont complexes.

Notre système général politique et administratif, pour qui le voit fonctionner, tant dans les Ministères que dans le Parlement, paraît être le grand responsable. C'est lui qui, paralysant toutes les initiatives, force les dirigeants à penser avant tout à se couvrir contre une interpellation possible, fût-elle même, de notoriété publique, disqualifiée par avance, et les empêche d'agir et de conclure rapidement, comme l'exigent, dans tous les pays du monde, les affaires bien menées.

En tout cas, si nous avons cru devoir rappeler quels étaient les problèmes qu'il fallait résoudre, pour hâter la reprise des affaires au lendemain de l'armistice, ce qui fut prévu par les uns, et ce qui fut fait par les autres, c'est simplement pour établir à nouveau que la responsabilité de la difficulté que l'industrie rencontre à passer du régime de guerre au régime de paix, ne saurait incomber, comme certains ont essayé de le prétendre, à la Métallurgie.

* * *

Une autre question, non moins importante et touchant toujours le même objet, se posait en même temps à l'attention du Gouvernement.

Tout le monde savait que la production métallurgique française avait été sensiblement réduite du fait de l'invasion, et que les constructions nouvelles d'instruments de production, opérées pendant la guerre, dans les territoires libres, étaient loin de pouvoir compenser les destructions systématiques que les Allemands avaient, sachant ce qu'ils faisaient, opérées dans le Nord et dans l'Est.

Tout le monde savait que les usines métallurgiques, qui avaient travaillé pendant la guerre, n'étaient pas, pour les causes que nous avons dites, celles qui, en temps normal, produisaient le métal à bon marché.

Tout le monde savait que, puisqu'un complément de métal devait, lors de la paix, venir combler le déficit provenant de la destruction des usines du Nord et de l'Est, il était utile, au point de vue de l'intérêt général, de mettre la production française à même de se porter sur les produits qu'elle pouvait fabriquer à meilleur compte, et de n'aller chercher à l'étranger et même dans les usines à capitaux allemands de la Lorraine réunie, que ceux qu'il était le moins onéreux d'introduire en France.

Les rapports de la Commission de Direction du Comité des Forges, et notamment celui lu à l'Assemblée générale du 16 mai 1918, avaient signalé tous ces points aux pouvoirs publics.

Tout le monde savait que les prix de revient, pratiqués dans les usines françaises, étaient grevés dans des proportions énormes par les prix auxquels elles étaient obligées de se procurer le charbon et le coke du fait de l'intervention de l'État, de la péréquation qu'il avait instituée et des caisses qu'il avait organisées.

Comment furent résolus les problèmes qui se posaient ainsi?

Toutes les indications permettant de les étudier et de les résoudre, furent, en temps utile, réunies par le Comité des Forges.

Il était évident que si l'on voulait qu'il y eût au lendemain même de l'armistice, une reprise rapide et importante des affaires, il fallait s'efforcer d'amener une baisse immédiate, considérable et durable des matières premières; faute de quoi on risquait de voir les intéressés attendre une nouvelle baisse plus accentuée, pour s'approvisionner et travailler à plein.

Sur ce dernier point, tout le monde fut d'accord. M. le Ministre de la Reconstitution Industrielle, nouveau titre sous lequel allait continuer à fonctionner l'ancien Ministère de l'Armement, eut le très légitime et très sincère souci de provoquer et de faciliter cette baisse des matières métallurgiques; il comprit que cette condition devait être remplie si l'on voulait voir les constructeurs dont il avait accaparé l'activité pendant de longs mois, reprendre au plus tôt leurs travaux du temps de paix.

M. Loucheur s'entretint immédiatement de cette question et du problème qu'elle soulevait, avec les représentants du Comité des Forges qu'il trouva tout acquis à l'idée de la baisse.

Le 18 décembre 1918, une Note paraissait au *Journal Officiel*[1] déclarant que M. le Ministre

1. Voir cette note *in extenso* en appendice. (Annexe XLV.

de la Reconstitution Industrielle, en accord avec les producteurs et les principaux Syndicats de consommateurs, avait décidé de supprimer les restrictions et formalités pour les commandes d'acier aux usines françaises :

« Grâce, disait cette Note, aux mesures récemment prises pour la baisse du coût du charbon, des prix limites ont pu être fixés pour l'acier; le prix de base pour les aciers marchands sera de 60 francs par 100 kilogs sur wagon-usines, ce qui constitue une baisse d'environ 35 francs par rapport aux prix pratiqués antérieurement. »

Au cours des conversations qui avaient eu lieu entre M. Loucheur et les représentants du Comité des Forges, il avait été précisé que si une baisse d'une pareille importance était indispensable, l'industrie métallurgique ne pouvait l'assurer dans les circonstances actuelles par le seul effet de sa volonté.

Il avait été reconnu, en effet, que cette impossibilité découlait de la destruction des usines du Nord et de l'Est qui, par leur situation sur la houille et sur le minerai et par leur outillage, réalisaient les prix de revient les plus bas; de l'élévation factice et excessive des prix de leurs matières premières et en particulier du charbon et du coke; enfin, de la crise sans cesse croissante des transports qui paralysait et arrêtait la marche des usines.

Aussi M. le Ministre de la Reconstitution

Industrielle se déclara-t-il prêt à aider l'industrie métallurgique, en réduisant immédiatement le prix du coke et du charbon avec effet rétroactif pour les produits fabriqués avant le 11 novembre, et en attribuant des allocations spéciales aux usines, qui établiraient que leurs prix de vente ne pouvaient être ramenés à ceux indiqués par suite de circonstances indépendantes de leur volonté. Enfin, pour assurer immédiatement la pratique des nouveaux prix, le Ministre décida de prendre à sa charge les 8/10 des pertes sur stocks pour les approvisionnements, et pour les produits fabriqués ou en cours d'élaboration avant le 11 novembre 1918

La Commission de Direction du Comité des Forges, après en avoir délibéré dans sa séance du 19 décembre 1918, se rendant compte de la nécessité qu'il y avait pour le pays de voir le prix du métal baisser rapidement et d'une façon importante, donna, par une lettre en date du 21 décembre 1918[1], sa pleine adhésion aux propositions du Ministre. Elle lui fit remarquer, en même temps, que celles des sociétés Métallurgiques appelées à bénéficier des allocations qu'il comptait leur attribuer pour leur permettre de vendre, malgré leurs prix de revient, le métal au prix indiqué, désireraient être fixées sur le *modus procedendi* qui allait

---

1. Voir cette lettre *in extenso* en appendice. (Annexe XLVI.)

être employé pour déterminer, d'accord avec elles, le montant de ces allocations. « Tant, disait en terminant la lettre du Comité, que ces Sociétés seront dans l'ignorance de la façon dont la question sera résolue, vous comprendrez, M. le Ministre, combien il leur sera difficile, pour ne pas dire impossible, d'accepter des ordres de la clientèle. »

En accusant réception de cette lettre au Comité des Forges, M. le Ministre de la Reconstitution Industrielle le priait de faire parvenir à ses Services les demandes des intéressés ; il déclarait, en terminant, instituer une Commission composée de certains de ses représentants et d'industriels, pour lui soumettre des propositions, dans le cas où un accord n'aurait pu intervenir entre ses Services et les intéressés[1].

M. Loucheur faisait savoir en même temps aux intéressés que, pour bénéficier de ces allocations, il les invitait à faire partie des Comptoirs qui venaient d'être créés, ou qui étaient en voie de l'être, pour la vente des différents produits sidérurgiques. Ces Comptoirs pouvaient seuls, à moins d'instituer dans chaque usine un contrôle spécial, lui donner la certitude que les bénéficiaires des allocations vendaient bien aux prix fixés d'accord, et dont le montant était la raison d'être de l'allocation.

1. Voir en appendice l'Annexe XLVII.)

Le 4 janvier 1919, M. le Ministre de la Reconstitution Industrielle donnait à ses Services des instructions sur la façon dont devaient être déterminées les indemnités à attribuer aux producteurs pour la dépréciation de leurs stocks.

Pour pouvoir verser aux intéressés ces indemnités et allocations qui permettaient la baisse immédiate et importante des produits métallurgiques, M. Loucheur indiquait qu'il avait à sa disposition les ressources que devait lui fournir la vente, aux prix qu'il venait de fixer, des produits en provenance des usines allemandes de la Lorraine et de la Sarre ; ces usines, travaillant avec du charbon et du coke à très bon marché, avaient des prix de revient relativement très bas. Le Ministre donnait enfin par une lettre en date du 11 janvier 1919, au Comptoir Sidérurgique de France, la mission d'assurer la vente des produits de ces usines.

Tout semblait donc parfaitement réglé, le Ministre avait vu et décidé, avec la rapidité qui lui est familière, ce qu'il y avait à faire, et le Comité des Forges, une fois de plus, avait mis son action et son influence sur ses adhérents au service de l'intérêt général pour réaliser rapidement cette baisse.

A la suite de quelles circonstances un projet, si bien réglé, si conforme aux intérêts du pays, ne put-il pas aboutir rapidement, comme cela était nécessaire, si on voulait réaliser la baisse ?

R. Pinot. — Comité des Forges.   15

Comment et pourquoi les usines qui, par suite de circonstances absolument indépendantes de leur volonté, avaient des prix de revient véritablement anormaux, et qui produisirent immédiatement toutes justifications utiles au Ministère de la Reconstitution Industrielle, ne savent-elles pas encore ce qu'elles obtiendront pour compenser ces charges?

Nous nous permettons, cette fois encore, de demander à toutes les personnes impartiales si le Comité des Forges n'avait pas, une fois de plus, compris et indiqué exactement ce qu'il fallait faire, et cela en accord avec l'intérêt général du pays, et s'il peut être rendu responsable des réclamations et des plaintes, que font entendre certains représentants de la Construction mécanique.

*
*　*

Le Comité des Forges se devait à lui-même de faire plus que d'aider à la reprise des affaires au jour de l'armistice, il devait penser au lendemain de la guerre, à la situation que la victoire, dont il n'avait jamais douté, allait faire à la Métallurgie, et par elle à la France.

C'est que, de toutes nos industries nationales, la Métallurgie était, en effet, celle dont la situation allait se trouver le plus profondément modifiée par le déplacement de nos frontières vers l'Est, par le retour à la mère-patrie de nos provinces perdues en 1870.

Dès la déclaration de la guerre, le Comité des Forges se préocccupa de cette question, et le séjour qu'il dut faire à Bordeaux à côté du Gouvernement, n'interrompit pas la recherche de tous les documents nécessaires pour en commencer l'étude.

Ce fut dans le cours de 1915 que la Commission de Direction du Comité nomma une Commission, et lui confia le soin de lui faire un rapport, qui devait lui permettre, le moment venu, de présenter au Gouvernement et les éléments du problème et les diverses solutions que l'on pouvait envisager. M. Humbert de Wendel voulut bien accepter la charge de rapporteur de cette Commission.

Les éléments du problème furent assez vite dégagés.

A la situation de la France en 1913, aux différents points de vue de la houille, du minerai, de la fonte et de l'acier, il fallait comparer celle qu'allait lui créer le retour des usines de la Lorraine annexée.

Cette comparaison avait conduit aux résultats suivants (en millions de tonnes) :

	Production de			
	Houille	Minerai	Fonte	Acier
Situation en 1913. .	40	22	5,2	4,7
Situation après le retour de l'Alsace-Lorraine	44	43	9,1	7,0

Mais la production n'était pas seule à considérer. Il fallait aussi envisager la consommation.

Or, celle-ci était déficitaire pour la houille : la France de 1913, en regard de sa production de 40 millions de tonnes, en consommait plus de 62, d'où un manque de plus de 22 millions de tonnes. L'Alsace-Lorraine, elle, produisait bien 4 millions de tonnes, mais elle en consommait 12, d'où un déficit supplémentaire de 8 millions de tonnes.

Le déficit de la France nouvelle en houille passait donc de 22 à 30 millions de tonnes. Le déficit en coke, si important pour l'industrie métallurgique, passait de même de 3 à 7 millions de tonnes ; l'Alsace-Lorraine consommait dans ses hauts-fourneaux 4 millions de tonnes de coke, sans produire ce combustible sur son territoire.

Au point de vue du minerai, la France produisait avant la guerre 22 millions de tonnes dont elle exportait 10 millions. Avec l'excédent sur la consommation que lui apporte l'Alsace-Lorraine, ses disponibilités passent à 16 millions.

On était donc naturellement conduit, devant cet accroissement redoutable de notre déficit charbonnier, à envisager la question du bassin de la Sarre, et du retour de la France à ses anciennes frontières de la vieille Monarchie et de la Révolution.

Dans cette hypothèse, la situation de la France, au point de vue : houille, minerai, fonte et acier, avec le retour de l'Alsace-Lorraine et la reprise de la Sarre, s'établissait de la façon suivante (en millions de tonnes) :

	Production de				Déficit en houille
	Houille	Minerai	Fonte	Acier	
France 1913.	40	22	5,2	4,7	22
France et Alsace-Lorraine.	44	43	9,1	7,0	30
France + Alsace-Lorraine + Sarre . .	57	43	10,5	9,0	22

La Sarre avait un excédent de combustible de 8 millions de tonnes, mais elle produisait à très peu près le coke qui lui était nécessaire. Pour le minerai, notre situation restait bonne et nous conservions de très larges disponibilités.

Il résultait donc de la seconde hypothèse : France, Lorraine et Sarre :

1° Que la production française de fonte et d'acier était doublée;

2° Que le déficit français de houille qui, par le seul retour de l'Alsace-Lorraine s'était accru de 8 millions de tonnes, était ramené au chiffre d'avant-guerre, mais que le déficit de coke restait à 7 millions de tonnes, correspondant à un manque de houille de 10 millions de tonnes.

Cette situation méritait d'autant plus de re-

tenir l'attention des pouvoirs publics et des
négociateurs français du traité de paix, que,
l'hypothèse de la réunion de la Sarre dans
les frontières douanières françaises réalisée, la
situation comparée des grands pays producteurs de métal, au triple point de vue : charbon,
minerai, fonte et acier, s'établissait ainsi (en
millions de tonnes) :

	Production de				Excédent ou déficit de la production de houille sur la con-sommation
	Charbon	Minerai	Fonte	Acier	
France.	57	43	10,5	9	— 22
Allemagne. . . .	175	7	11,5	12,3	+ 32
Grande-Bretagne.	287	16	11	7,7	+ 77
États-Unis.	550	63	31	32	+ 21

La nouvelle France était donc le seul pays
dont la métallurgie allait avoir à compter avec
une production déficitaire de houille, tandis
que ses concurrents se trouvaient posséder des
excédents considérables de charbon, c'est-à-dire
de celle des deux matières premières dont le
prix influe le plus dans le prix de revient de la
fonte.

En même temps, la métallurgie de la nouvelle France allait avoir à placer, soit à l'intérieur, soit à l'extérieur, une production égale
au double de sa production d'avant-guerre.

Ce sont les données mêmes de ce problème,
ainsi dégagées, que le Secrétaire Général du

Comité des Forges exposa le 28 octobre 1915 à
la Commission Sénatoriale chargée d'étudier
l'organisation économique du pays pendant et
après la guerre, présidée par M. Couyba.

On se rappelle probablement comment un
exemplaire de cette déposition qui, d'après
la volonté même du Gouvernement et de la
Commission, devait demeurer secrète, fut livrée
à la publicité par un journal, à qui on l'avait
apportée, et comment elle fut présentée au
public.

Cependant, la Commission d'Études, nommée
par la Commission de Direction du Comité des
Forges, continuait ses travaux et arrivait à dégager, avec les éléments essentiels du problème,
un certain nombre de solutions.

Ce sont ces éléments et ces solutions que
successivement M. Pralon, Vice-Président du
Comité des Forges, et M. R. Pinot, Secrétaire
Général du Comité, exposèrent à la Section
d'Études des questions économiques et admi-
nistratives d'Alsace-Lorraine, siégeant au
Ministère de la Guerre et présidée par M. Col-
son[1], au Comité d'Études Économiques et Ad-
ministratives d'Alsace-Lorraine, présidé par
M. Siegfried[2] et à la Société de l'Industrie
Minérale[3].

Dans ces trois exposés, l'attention du Gou-

1. Le 23 novembre 1918.
2. Le 17 février 1917.
3. Le 14 juin 1917.

vernement et de l'opinion publique était appelée sur la nécessité de pourvoir, d'une façon certaine, au déficit permanent de charbon, qui, s'il n'était définitivement conjuré, allait non seulement mettre la métallurgie française dans une situation périlleuse, mais allait faire passer la France, quel que fût l'éclat de sa victoire, au rang des nations de second ordre.

Il ressortait aussi que des mesures spéciales et transitoires devaient être prises pour assurer le placement au dehors, et notamment en Allemagne, de la part, qui ne pourrait être consommée en France, de la nouvelle production métallurgique.

Si une telle mesure n'était pas prise, on risquait de voir la production se mettre rapidement au niveau de la consommation par la disparition des usines mal situées au point de vue de leur prix de revient, c'est-à-dire des usines du centre qui, précisément, venaient de nous permettre de remporter la victoire.

Compte fait de ce que, dans les données les plus optimistes, pouvait absorber la consommation française, accrue de tout ce que lui apportait le développement de ses anciens consommateurs, et de la naissance de tous ceux que la guerre avait suscités, il restait encore un excédent de métal tel que le problème de son placement se posait dans toute son ampleur.

L'intérêt de conserver cet excédent à la disposition de la construction française, pour la pourvoir au fur et à mesure de son développement, était signalé comme une nécessité nationale.

Après la guerre, il était indispensable, autant pour le rétablissement de nos finances, que pour le rayonnement de la France à l'étranger, que notre industrie profitât largement des nouveaux débouchés et du prestige que sa victoire allaient lui conquérir dans le monde. Les industries de construction mécanique devaient être les premières, par l'appui que devait leur apporter la métallurgie, à être les bénéficiaires de ce nouvel état de choses.

Tels furent les résultats des travaux du Comité des Forges et ses principales conclusions.

Les terribles destructions opérées dans le Nord et l'Est, qui ruinèrent nos exploitations charbonnières du Nord et du Pas-de-Calais et nos belles usines métallurgiques du Nord et de l'Est, si elles sont venues modifier certaines données du problème, ne les ont pas modifiées définitivement. Il est nécessaire, dans l'intérêt du pays, que ces usines soient reconstruites, et elles le seront ; si, pour certains éléments, certains aspects du problème sont transformés, ses données essentielles restent les mêmes, et il faut le résoudre.

Aujourd'hui que les clauses principales du traité de paix sont connues, on peut entrevoir les solutions que nos négociateurs ont apportées au problème de la métallurgie d'après-guerre, comme on peut se rendre compte de ce qui a été fait pour résoudre la question, encore plus importante, du déficit permanent de notre production houillère d'avant-guerre, question qui, non seulement domine l'essor futur de l'industrie nationale, mais qui, bien ou mal résolue, classera la France parmi les grandes puissances ou les états de second ordre.

Nous estimons qu'il ne convient pas, à l'heure où nous sommes, d'entrer à ce sujet dans des précisions plus grandes.

D'ailleurs, tous ceux qui connaissent ces questions et savent lire les textes diplomatiques, n'ont besoin de personne pour se rendre compte dans quelle mesure ce problème a été résolu.

Le Comité des Forges devait tenir à la disposition du Gouvernement tous les renseignements lui permettant de connaître tous les éléments de ces questions.

Le Comité des Forges devait, à titre officieux, puisque, à l'inverse de ce qui s'est fait autre part, notre Gouvernement n'a pas estimé nécessaire d'avoir auprès de ses négociateurs des conseillers techniques, lui présenter les différentes solutions que l'on pouvait envisager.

Tout cela a été fait.

*
* *

Le lecteur qui aura bien voulu suivre, à travers les différents chapitres de ce livre, l'action du Comité des Forges pendant la guerre, voudra bien nous excuser d'avoir été si long, encore que nous ayons laissé de côté bien des choses importantes, et que le tableau que nous venons de présenter ne contient qu'une faible part de l'activité du Comité.

Avant la guerre, le Comité avait comme règle de se placer toujours au point de vue de l'intérêt général, pour étudier et résoudre les questions dont il avait la charge.

Il ne croit pas avoir manqué à cette règle pendant la guerre. Pendant ces quatre années, il s'est mis spontanément, avec le plus complet désintéressement, de toutes les forces de l'intelligence et de l'activité de ses dirigeants et de ses collaborateurs, au service de la Nation.

C'est à la Nation de dire si le Comité des Forges de France l'a bien servie.

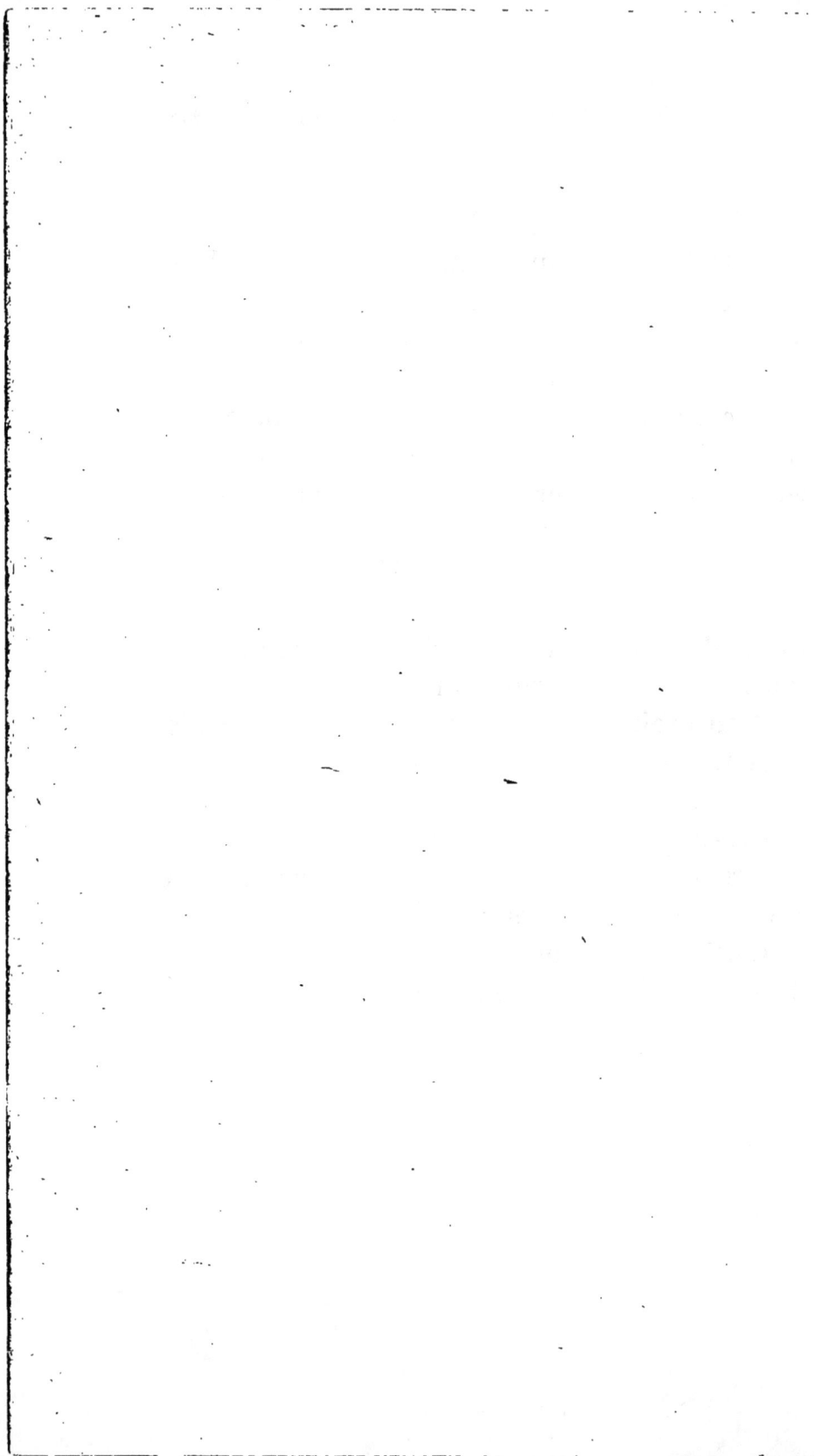

APPENDICE

I

MINISTÈRE DE LA GUERRE　　　　Paris, le 23 août 1914.

Monsieur le Secrétaire Général,

L'Administration de la Guerre éprouvant en ce moment de réelles difficultés pour assurer les fournitures dont elle a besoin, par suite de la fermeture de certaines usines et de la diminution de la production de la plupart des autres, consécutives à la mobilisation, j'ai pensé qu'il convenait de demander au Comité des Forges et aux Chambres syndicales du Matériel de guerre, de la Construction navale et du Matériel de chemins de fer, de mettre leurs connaissances et l'influence qu'ils possèdent sur leurs adhérents au service de la Défense Nationale.

J'ai, en conséquence, invité les Directions de mon département qui passent des commandes aux industriels adhérents à vos groupements à se mettre directement en rapport avec vous, pour assurer la répartition et l'exécution de ces commandes. Je serais désireux qu'en donnant tous vos soins à leur rapide exécution, vous vous efforciez de maintenir en activité la population ouvrière du plus grand nombre d'usines et d'ateliers qu'il vous sera possible.

Veuillez agréer, etc....

MESSIMY.

M. PINOT, Secrétaire Général du Comité des Forges de France, Paris.

Les tableaux II, III et IV montrent le développement de quelques grandes Sociétés métallurgiques.

II

Forges et aciéries de Denain et Anzin.

	1899	1913	Augmentation en 0/0
	tonnes	tonnes	
Production de fonte	175 000	335 000	90 0/0
Production d'acier (lingots).	220 000	396 000	80 —
Production rails, poutrelles et autres laminés.	160 000	286 000	114 —
Vente de produits finis et intermédiaires	168 213	304 481	82 —
Houillères et participations houillères.	Non	Oui	

Aciéries de Longwy.

	1899	1913	Augmentation en 0/0
Superficie des usines. . . .	81 Ha.	198 Ha.	144 0/0
Force motrice	15 000 HP.	60 000 HP.	300 —
Extraction de minerai de fer	523 000 t.	1 826 000 t.	249 —
Production de fonte	190 000 t.	388 000 t.	96 —
Production d'acier (lingots).	160 000 t.	314 000 t.	96 —
Production blooms et billettes	150 000 t.	335 000 t.	121 —
Production rails, poutrelles et autres laminés.	87 000 t.	231 000 t.	165 —
Chiffre d'affaires (ventes). .	27 500 000 fr.	62 250 000 fr.	126 —
Personnel.	4 188	6 744	60 —
Participations (en France. .	Non	Non	
houillères) à l'étranger.	Non	Oui	

III

Compagnie des forges et aciéries de la Marine et d'Homécourt.

	1900	1913	Augmentation en 0/0
Nombre d'usines. . .	4 St-Chamond, Assailly, Rive-de-Gier, Boucau.	6 St-Chamond, Assailly, Lorette, Boucau, Homécourt, Hautmont.	50 0/0
Nombre d'ouvriers. .	5 871	13 207	125 —
Extraction de minerai de fer	Néant.	1 851 230 t.	
Production de fonte .	65 919 t.	463 859 t.	604 —
Production d'alliages.	5 860 t.	»	»
Production rails, poutrelles et autres laminés	66 278 t.	452 102 t.	582 —
Exportation des laminés et autres produits sidérurgiques finis	570 t.	205 506 t.	»
Salaires	8 387 849 fr. 40	21 806 000 fr.	159 —
Chiffre d'affaires. . .	34 953 913 fr.	105 997 000 fr.	203 —
Force motrice	Boucau : 4 500 HP.	64 000 HP	»
Participations houillères à l'étranger (en France.	Oui	Oui	
ger . . .	Non	Non	

IV

Aciéries de Micheville.

	1900	1913	Augmentation en 0/0
Nombre d'usines	1	2	Forges de Champagne
Extraction de minerai de fer.	1896 272 000 t.	1 431 000 t.	422 0/0
Production de fonte	206 000 t.	443 000 t.	158 —
Production acier (lingots) .	174 000 t.	330 000 t.	96 —
Production de laminés . . .	133 000 t.	331 000 t.	149 —
Chiffre d'affaires	»	64 921 000 fr.	»
Salaires.	4 500 000 fr.	13 450 000 fr.	200 —
Participations(en France. .	Non	Oui	
houillères (à l'étranger.	Non	Oui	

Hauts-fourneaux et fonderies de Pont-à-Mousson.

	1899	1913	Augmentation en 0/0
Nombre d'usines	1	5	Auboué-Foug.
Extraction de minerai de fer	240 000 t.	2 213 000 t.	822 0/0
Production de fonte	81 000 t.	285 000 t.	251 —
Production de tuyaux et autres fontes moulées . .	82 000 t.	179 000 t.	118 —
Exportation de fontes moulées (tuyaux et autres objets finis)	26 000 t.	68 000 t.	161 —
Salaires	3 423 753 fr.	11 377 700 fr.	237 —
Chiffre d'affaires	11 600 000 fr.	41 800 000 fr.	260 —
Participations (en France .	Non	Oui	
houillères (à l'étranger.	Non	Oui	

Production des principaux pays du Monde.
(en millions de tonnes).

V

ANNÉES	ÉTATS-UNIS			ANGLETERRE[2]			ALLEMAGNE[3]			FRANCE[3]		
	Houille[1]	Minerai de fer[2]	Fonte[2]	Houille	Minerai de fer	Fonte	Houille et lignite	Minerai de fer[4]	Fonte[4]	Houille et lignite	Minerai de fer	Fonte
1870 . . .	17,5	5,8	1,6	112,0	14,6	6,0	55,9	4,5	1,4	15,5	2,6	1,1
1880 . . .	42,8	7,1	5,8	146,9	18,0	7,7	59,1	7,2	2,7	19,5	2,8	1,7
1890 . . .	111,5	16,0	9,2	181,6	15,7	7,9	89,2	11,4	4,6	26,0	3,4	1,9
1900 . . .	212,5	27,5	13,7	225,1	14,0	8,9	149,4	18,9	8,5	35,4	5,4	2,7
1910 . . .	417,1	57,0	27,5	264,4	15,2	10,0	222,2	28,7	14,8	58,5	14,6	4,0
1913 . . .	478,4	59,6	30,9	287,4	16,0	10,2	278,7	35,9	19,2	40,8	21,9	5,2

1. Tonnes de 907 kilog.
2. Tonnes de 1016 kilog.
3. Tonnes métriques.
4. Y compris la production luxembourgeoise.

VI

EXTRAIT du Rapport général sur l'Industrie française présenté par M. le Ministre du Commerce à M. le Président du Conseil.

On voit donc l'activité qui doit régner dans notre construction mécanique. Mais puisque nous avons indiqué les méthodes à adopter pour atteindre le développement, il est juste d'énumérer, au moins sommairement, les causes de la situation de la construction mécanique à l'avant-guerre.

Ces causes ont été très nettement précisées dans le rapport présenté au Comité Consultatif des Arts et Manufactures[1].

On doit reconnaître trois causes qui n'ont point d'ailleurs une égale importance. Ce sont :

a) L'insuffisance du tarif douanier ou mieux son irrégularité envers les matières premières et les produits finis;

b) Le prix des matières premières;

c) L'inertie des chefs d'industrie.

Le tarif douanier de 1910 a évidemment trop négligé la construction mécanique et a accordé une protection beaucoup plus élevée à la matière première qu'aux machines. Cependant « l'insuffisance des tarifs douaniers n'a joué, en réalité, qu'un rôle secondaire; l'élévation rapide des importations est en fait antérieure à l'année 1910. Elle remonte à peu près à 1897[2], quoique les tarifs des douanes soient restés les mêmes

---

1. RATEAU. Rapport au Comité Consultatif des Arts et Manufactures.
2. Le sommet de la courbe des importations en l'année 1900 a été occasionné évidemment par l'Exposition universelle. Nous n'avons pas à faire état de cette perturbation momentanée.

sensiblement, pour la métallurgie d'une part, et pour la mécanique, d'autre part, depuis 1881 ».

Le seconde cause de la production peu élevée de nos usines de construction mécanique — certaines branches étant toujours mises à part — se trouve dans les prix des matières premières, spécialement des fontes et des aciers, prix plus élevés en France qu'à l'Étranger et dus en partie au tarif douanier et aussi au coût du combustible.

Cependant[1] on se rend compte aisément que cette raison, quoique sérieuse, n'est pas encore suffisante pour expliquer l'envahissement de notre marché par les constructeurs étrangers.

En effet, la différence des prix des fontes, fers et aciers en France et à l'étranger, due à la protection douanière et aux suppléments des frais de transport était, avant la guerre, de l'ordre de 25 pour 100. D'autre part, on sait que les valeurs des matières entrant dans la constitution des machines varient entre 30 et 50 pour 100 du prix de revient total, moins pour les petites machines, plus pour les grosses; mais ces valeurs correspondent à des objets déjà en partie ouvrés (fontes moulées, arbres forgés et dégrossis, etc....) que la plupart des constructeurs achètent aux fondeurs et aux forgerons. En les corrigeant de manière qu'elles s'appliquent aux matières sous les formes réellement livrées au commerce par les aciéries, elles se trouvent notablement réduites et abaissées à 20 ou 30 pour 100 environ, très variables suivant le genre et la grandeur de la machine envisagée.

Une majoration de 25 pour 100 sur ces matières brutes n'augmente donc le prix de revient que de 5 à 7,5 pour 100. Tel est l'ordre de grandeur du tribut que le constructeur paye au métallurgiste, du fait

1. RATEAU. Rapport au Comité Consultatif des Arts et Manufactures.

du tarif douanier. C'est assurément loin d'être négligeable.

Pour apprécier tout à fait correctement l'influence d'ensemble des taxes douanières, il faut encore retrancher de ces chiffres la proportion relative (*ad valorem*) de la protection sur les machines; celle-ci était parfois moindre; en sorte que le constructeur a raison de dire qu'il était (et qu'il est toujours) relativement bien mal protégé. Mais, dans la plupart des cas, il bénéficiait un peu par rapport à ce qui aurait existé s'il n'y avait eu aucun droit, ni sur les machines, ni sur les produits métallurgiques.

Mais il est une cause plus profonde de la mauvaise situation de notre construction mécanique et il n'est point possible de ne pas y insister ici[1] :

« N'hésitons pas à reconnaître que la raison profonde de l'état stationnaire de l'industrie mécanique, c'était plutôt l'inertie de l'esprit d'initiative chez beaucoup des chefs de cette industrie. Par prudence excessive, mal informés peut-être des progrès réalisés à l'étranger, retenus par des craintes sur l'avenir, cantonnés dans un particularisme par trop étroit, ils hésitaient à se grouper pour un but commun, à s'engager dans des voies nouvelles, et même à faire quelque sérieux effort pour rénover leur outillage et leurs procédés et pour étendre leurs affaires. Par exception le voulaient-ils, que tout encouragement des pouvoirs publics, toute aide financière des banques leur faisaient généralement défaut ».

A ces causes d'infériorité, quels sont les remèdes à apporter?

Nous allons les résumer très brièvement avec le rapporteur[1], nous réservant de les étudier avec détails et à un point de vue plus général dans la seconde partie de cette étude.

1. RATEAU. Rapport au Comité Consultatif des Arts et Manufactures.

Pour porter au maximum la production de nos usines, il faut :

a) Faire jouer aux syndicats un rôle aussi efficace et développé que possible et, pour cela, demander à nos industriels d'abandonner leur esprit individualiste; examiner même si le syndicat ne doit pas être obligatoire ;

b) Réclamer de l'État une coopération plus active, une liaison plus continue avec l'industrie, tout en laissant libre action à l'initiative privée;

c) Opérer la spécialisation des ateliers;

d) Étudier de façon très approfondie, la standardisation des machines;

e) Concentrer les fabrications dans le nombre minimum d'ateliers ;

f) Établir un contrôle scientifique des fabrications;

g) Créer des laboratoires particuliers et généraux indispensables à l'industrie;

h) Protéger les inventions en les utilisant mieux;

i) Développer notre enseignement technique à tout degré ;

j) Créer particulièrement des enseignements post-scolaires spécialisés.

Ce décalogue mérite mieux qu'une simple énumération. Chaque article se trouve constituer en quelque sorte le titre d'un chapitre de la seconde partie de ce rapport.

VII

Production d'une aciérie Martin pendant la Guerre

Région de l'Est.

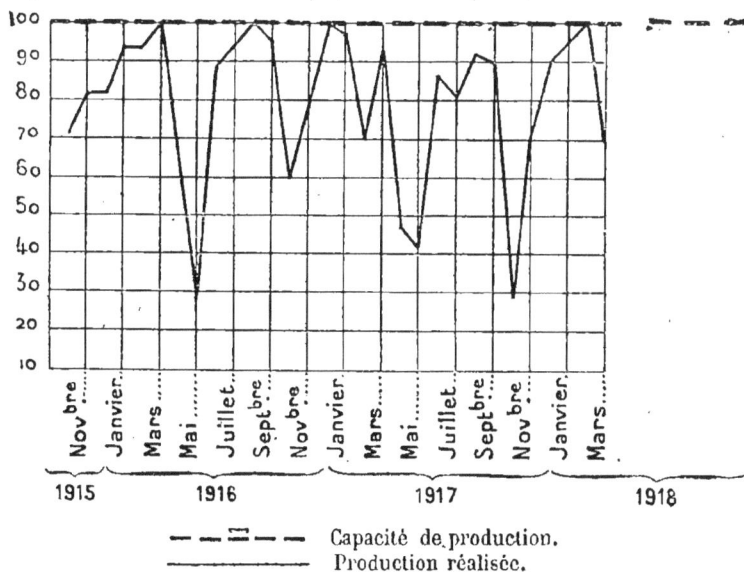

— — — Capacité de production.
———— Production réalisée.

L'aciérie a été remise en marche en octobre 1915; sa marche irrégulière a été motivée par le manque de charbon, de main-d'œuvre et de produits réfractaires.

Le manque de charbon a contraint de l'arrêter en mars 1918.

Un four de 80 tonnes, construit entre temps, n'a jamais pu être mis en service.

VIII

PRODUCTION D'UNE ACIÉRIE MARTIN PENDANT LA GUERRE

Région de la Loire.

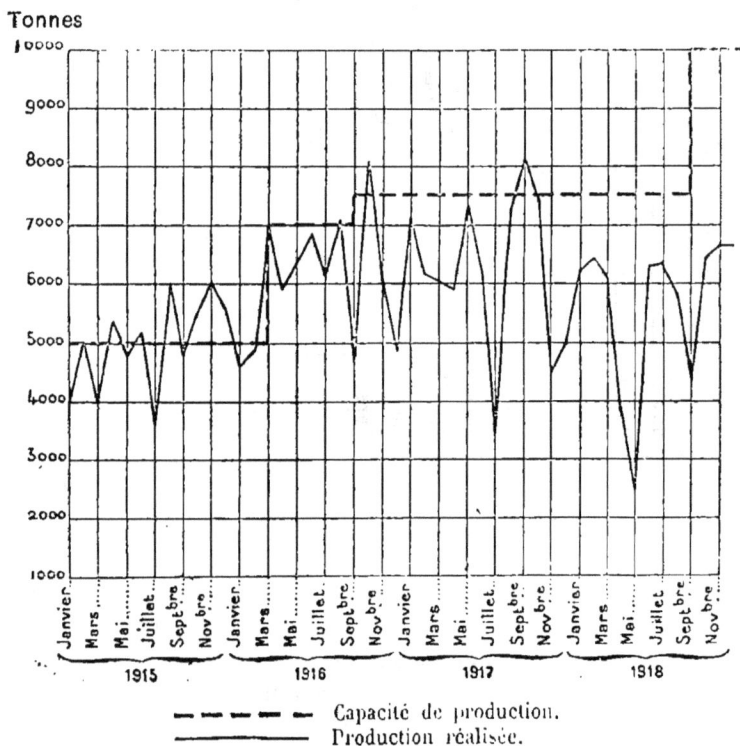

- – – – – – Capacité de production.
- ————— Production réalisée.

IX

PRODUCTION D'UNE USINE COMPRENANT
5 HAUTS-FOURNEAUX

Région de l'Est.

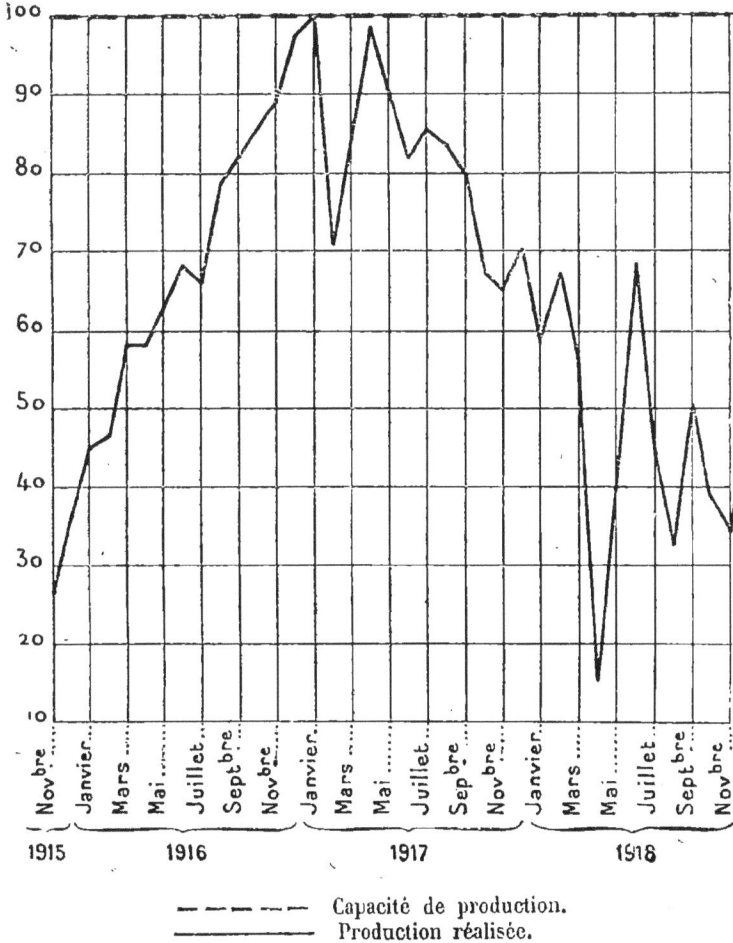

——— ——— Capacité de production.
——————— Production réalisée.

L'usine n'a été remise en marche qu'en novembre 1915 ; elle était arrêtée depuis la mobilisation.

Tonnage annuel de coke nécessaire pour alimenter les 5 hauts-fourneaux : 350 000 tonnes environ.

Tonnage dont l'usine a disposé :

En 1915 . . . . 20 000 tonnes.
En 1916 . . . . 225 000 —
En 1917 . . . . 319 000 —
En 1918 . . . . 193 000 —

X

PRODUCTION D'UNE USINE COMPRENANT 5, PUIS 4 HAUTS-FOURNEAUX

Région du Nord.

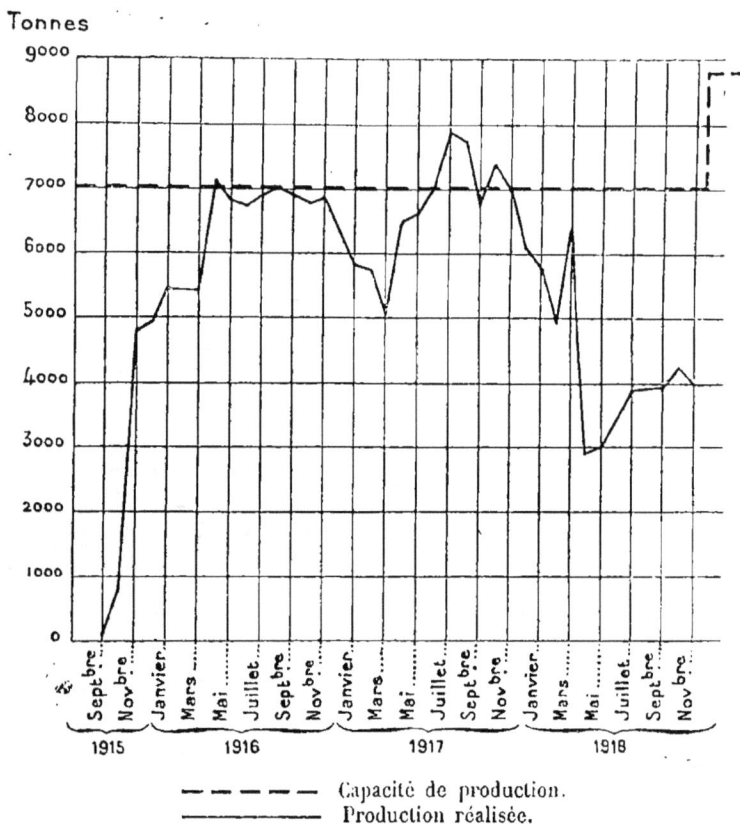

Capacité de production.
Production réalisée.

XI

Production d'une aciérie qui a construit 2 fours pendant la Guerre

Région de l'Ouest.

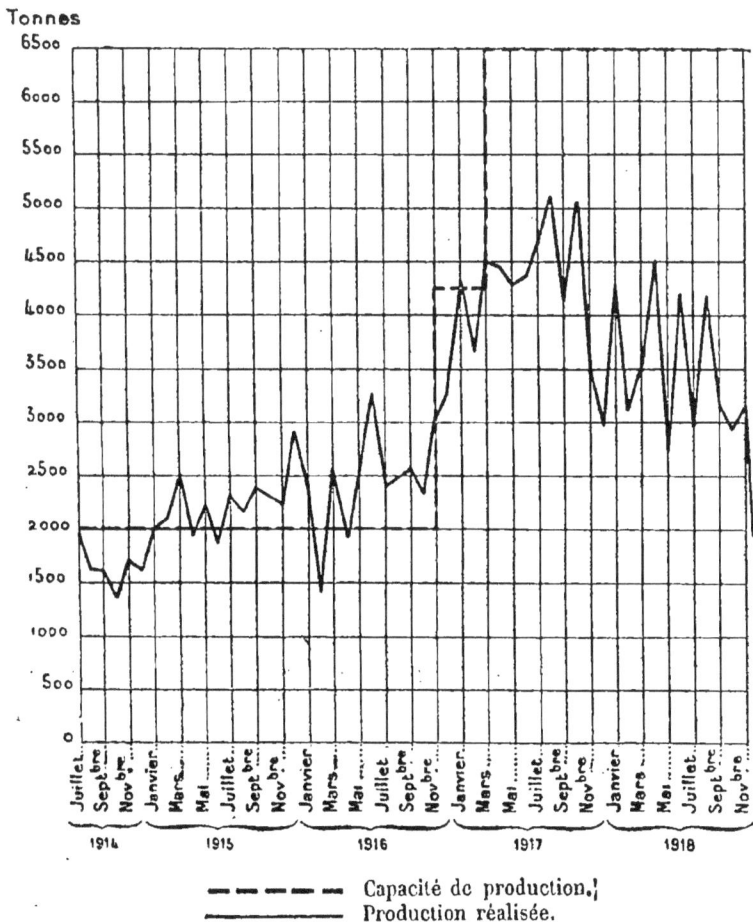

Tonnes

- - - - - Capacité de production.
————— Production réalisée.

XII

PRODUCTION D'UNE USINE A FONTE :
EN 1914 : 2 HAUTS-FOURNEAUX ;
A PARTIR DE 1917 : 3 HAUTS-FOURNEAUX

Région du Sud-Ouest.

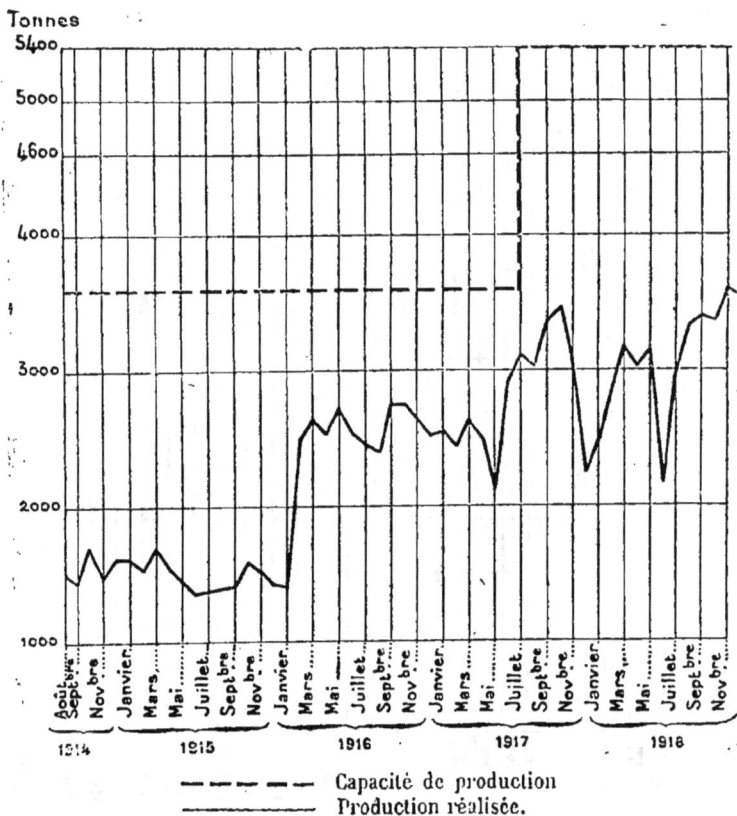

— — — — Capacité de production
———— Production réalisée.

Ces 3 hauts-fourneaux n'ont jamais pu fonctionner
simultanément à cause du manque de coke.

XIII

FRANCE

Statistique des fours Martin [1]
1914-1919

RAISONS SOCIALES	USINES	FOURS MARTIN			
		Disponibles au 1/1-1919	En construction au 1/1-1919	Total au 1/1-1919	Mis en construction pendant les hostilités
Lambour et Cie. . . .	Closmortier.	1	»	1	»
Aciéries de France . .	Isbergues.	4	2	6	2
F. Mouton	Pl. St–Denis.	3	»	3	1
Aciéries de Micheville.	Marnaval.	3	1	4	2
Capitain-Geny	Bussy.	2	»	2	»
Forges de Montataire.	Montataire.	4	»	4	1
Forges et laminoirs de Creil.	Creil.	1	»	1	1
Aciéries de Firminy .	Les Dunes.	2	4	6	5
Etab. Frissonnet . . .	Saint-Denis.	1	»	1	1
Châtillon, Commentry, Neuves-Maisons . . .	Neuves-Maisons.	1	1	2	1
Aciéries de Pompey .	Pompey.	1	2	3	2
Aciéries de Commercy.	Commercy.	1	»	1	»
Aciéries de Dieulouard.	Dieulouard.	2	»	2	»
Hauts-fourneaux et fonderies de Pont-à-Mousson	St-Etienne du R.	»	1	1	1
Sohier	La Courneuve.	1	»	1	1
Société normande de métallurgie	Caen.	2	3	5	5
Totaux.		29	14	43	23

1. Non compris les régions qui ont été occupées par l'ennemi.

RAISONS SOCIALES	USINES	FOURS MARTIN			
		Disponibles au 1/1-1919	En construction au 1/1-19	Total au 1/1-1919	Mis en construction pendant les hostilités
Report.		29	14	43	23
Société des tubes de Vincey.	Vincey.	»	3	3	3
Renault.	Gd.-Couronne.	»	2	2	2
Tréfileries du Havre .	Le Havre.	1	1	2	2
Moteurs Salmson. . .	Billancourt.	1	»	1	1
Hauts-fourneaux et forges d'Allevard	Allevard.	2	»	2	1
Forges d'Audincourt .	Audincourt.	2	2	4	2
Claudinon et Cie . . .	Le Chambon.	4	»	4	»
Châtillon, Commentry, Neuves-Maisons . . .	Montluçon.	13	2	15	8
Arbel	Couzon.	2	»	2	1
Schneider et Cie . . .	Le Creusot.	17	»	17	7
Marrel Frères.	Rive de Gier.	7	»	7	3
Aciéries et forges de Firminy	Firminy.	15	»	15	9
Forges de Franche-Comté.	Fraisans.	2	»	2	»
Forges de Franche-Comté.	La Saisse.	1	»	1	»
Campionnet et Cie . .	Gueugnon.	4	1	5	2
Société Horme et Buire	L'Horme.	1	»	1	0
Commentry, Fourchambault et Decazeville	Imphy.	5	1	6	3
Aciéries de la Marine et d'Homécourt . . .	St-Chamond.	10	»	10	10
Aciéries de la Marine et d'Homécourt . . .	Assailly.	7	4	11	
Aciéries de St-Etienne.	Saint-Etienne.	11	1	12	2
Requier.	Marseille.	1	»	1	»
Totaux.		135	31	166	79

RAISONS SOCIALES	USINES	FOURS MARTIN			
		Disponibles au 1/1-1919	En construction au 1/1-19	Total au 1/1-1919	Mis en construction pendant les hostilités
Report		135	31	166	79
Viellard-Migeon. . . .	Morvillars.	1	»	1	»
Jacob Holtzer.	Unieux.	2	»	2	1
Société métallurgique de Montbard-Aulnoye.	Montbard.	2	2	4	3
Société Horme et Buire	Le Pouzin.	2	»	2	2
Suquet et C¹ᵉ.	Chenecières.	1	1	2	2
Aciéries de la Marine et d'Homécourt . . .	Pont de Vivaux.	1	»	1	1
Berliet (Etab.)	Lyon.	»	4	4	4
Forges de la Chaussade.	Guérigny.	3	»	3	1
Etab. J.-J. Carnaud. .	Basse-Indre.	2	»	2	1
Société générale des Cirages Français. . .	Hennebont.	5	1	6	3
Usines métallurgiques de la Basse-Loire . .	Trignac.	9	»	9	3
Forges de Ruelle. . .	Ruelle.	2	»	2	»
Fonderies et forges d'Alais.	Tamaris.	6	»	6	»
Fonderies et forges d'Alais.	Bessèges.	1	»	1	1
Aciéries de la Marine et d'Homécourt . . .	Le Boucau.	3	1	4	1
Commentry, Fourchambault et Decazeville	Decazeville.	3	»	3	0
Société métallurgique de l'Ariège.	Pamiers.	3	1	4	2
Aciéries du Saut du Tarn.	Saint-Juéry.	3	»	3	2
Totaux.		184	41	225	106

XIV

COMITÉ DES FORGES
DE FRANCE
—

Le 12 avril 1919.

Monsieur le Ministre,

Pour répondre à l'invitation que vous avez adressée au Comité des Forges au mois de décembre dernier, nous avons pris en quelques jours, vous le savez, toutes les dispositions nécessaires en vue de la création, dans les plus courts délais, d'une aciérie Martin dans la grande banlieue de Paris : souscription, parmi nos adhérents, d'un capital de 20 millions, garantie par un groupe de banquiers de 20 millions d'obligations, choix d'un Directeur, adoption des plans, étude des commandes à passer, enfin recherche d'un emplacement convenable.

Pour cette dernière question de l'emplacement, nous avons, vous le savez, réservé deux terrains : l'un appartenant à la Ville de Paris et qui pourrait être réquisitionné sans difficultés par vos soins ; l'autre appartenant à un particulier et pour lequel nous avons obtenu une promesse de vente pour une durée de trois mois

La réalisation définitive de ce projet — et en particulier l'achat des terrains — devait être assurée par une société dont nous ne pouvions provoquer la constitution que lorsque nous aurions reçu de votre département l'assurance du versement par l'État d'une subvention correspondant au surprix, ainsi que vous aviez bien voulu nous le promettre.

Or, la personne que nous avions chargée de prendre

pour la future Société cette promesse de vente nous fait observer que l'engagement qu'elle a obtenu vient prochainement à expiration. Dans ces conditions, nous vous serions très obligés de nous faire savoir s'il vous paraît toujours intéressant d'engager des négociations en vue d'en obtenir la prolongation.

Veuillez agréer, Monsieur le Ministre, l'assurance de notre haute considération.

Le Secrétaire Général,

R. PINOT.

Monsieur LOUCHEUR, Sous-Secrétaire d'État de l'Armement et des Fabrications de Guerre.

XV

MINISTÈRE DE L'ARMEMENT
ET DES
FABRICATIONS DE GUERRE

Cabinet du Sous-Secrétaire d'État

Fabrications de guerre

RÉPUBLIQUE FRANÇAISE

Paris, le 28 avril 1917.

Monsieur le Président,

Je viens vous confirmer l'entretien que j'ai eu le plaisir d'avoir avec votre Secrétaire Général.

Sur ma demande, votre Comité avait étudié la création d'une aciérie Martin dans la grande banlieue de Paris.

Vous aviez envisagé de réaliser, par vos soins, un capital de 40 millions dont la moitié en actions et l'autre moitié en obligations, et nous avions examiné ensemble le principe d'un concours de l'État, sous forme de subvention, pour une somme de 50 à 60 millions, à préciser après étude.

L'exécution de ce programme a rencontré certaines difficultés, notamment au point de vue du principe même de la subvention à fonds perdus qui nécessite le vote d'une loi nouvelle, dont le projet est à l'étude.

Toutefois, après un nouvel examen de la question, nous avons reconnu, d'un commun accord, que devant les difficultés de réalisation, et notamment celles signalées ci-dessus, il valait mieux porter actuellement l'effort maximum sur le développement des usines existantes.

Nous renoncerons donc, pour l'instant, au projet de l'aciérie nouvelle dans la grande banlieue de Paris, et je tiens à vous remercier des efforts que vous aviez faits en vue de réaliser le programme à l'exécution duquel je vous avais demandé de collaborer.

Je tiens aussi, d'une façon toute spéciale, à remercier ceux de vos membres qui n'avaient pas hésité à accepter de contribuer à l'œuvre nouvelle, tant par la souscription de capitaux que par leur coopération à l'étude des projets.

Je vous prie de croire, Monsieur le Président, à ma considération la plus distinguée.

Le Sous-Secrétaire d'État des Fabrications de Guerre,

LOUCHEUR.

Monsieur le Président du Comité des Forges.

XVI

MINISTÈRE DE LA GUERRE

Cabinet du Sous-Secrétaire d'État

Artillerie et Munitions

RÉPUBLIQUE FRANÇAISE

Paris, le 2 novembre 1915.

Monsieur le Président,

Par lettre du 25 octobre, vous avez bien voulu me communiquer une Note exposant la manière de voir du Comité des Forges au sujet de l'organisation à donner à un service de centralisation des commandes faites en Angleterre par les industriels français. Vous m'informiez en même temps de votre intention d'envoyer en mission à Londres M. Humbert de Wendel, pour examiner sur place les conditions dans lesquelles il pourrait être procédé à cette organisation.

Je vous remercie très vivement du concours que le Comité des Forges veut bien nous apporter en cette circonstance et du soin tout particulier avec lequel il a fait étudier une question dont je vous avais signalé l'intérêt dans la lettre que j'avais eu l'honneur de vous adresser le 2 octobre.

La centralisation des commandes, telle qu'elle était envisagée dans ma lettre précitée, présente, au point de vue industriel, un intérêt de premier ordre, suffisant pour justifier la création d'une organisation permettant de la réaliser.

Je suis pleinement d'accord avec vous sur la valeur des services que pourra rendre, dans cette organisation, votre Bureau de Paris, dont le fonctionnement me paraîtrait devoir être le suivant :

Ce Bureau, comme l'indique fort bien votre Note,

aurait pour mission essentielle de centraliser les demandes d'autorisation de sortie ainsi que les demandes de matériel anglais, et de vérifier qu'il s'agit bien de fournitures intéressant la fabrication du matériel de guerre.

A cet effet, il se mettrait à la disposition des industriels dépendant du Comité des Forges, ou même de ceux non rattachés à ce Comité. Il les inviterait, surtout dans le cas où ils n'auraient pas de fournisseurs attitrés en Angleterre, à passer par son intermédiaire.

Mais il demeurerait bien entendu que toute maison française qui serait désireuse de se passer de l'intermédiaire du Comité des Forges aurait la faculté de s'adresser directement au *Sous-Secrétariat de l'Artillerie et des Munitions*, et par lui, à la Commission de Londres.

Le Bureau de Paris transmettrait au *Sous-Secrétariat d'Etat de l'Artillerie et des Munitions*, après les avoir instruites, vérifiées et groupées, toutes les demandes qu'il aurait reçues, en signalant celles présentant un caractère particulier d'urgence.

Il adresserait au Bureau de Londres un relevé des demandes de matériel pour lesquelles l'intervention du Comité des Forges aurait été admise ou réclamée par les industriels français intéressés.

Quant au Bureau de Londres, il me paraît susceptible également de rendre de très précieux services particulièrement aux Maisons n'ayant pas de relations établies en Angleterre.

La Commission de Londres, ayant reçu par mes soins toutes les demandes émanant des industriels français, ferait elle-même toutes les démarches nécessaires pour obtenir du Gouvernement britannique les autorisations de fournitures ou les autorisations de sortie sollicitées. Elle communiquerait au Bureau du Comité des Forges, à Londres, les demandes de four-

nitures de matériel émanant de maisons n'ayant pas
de relations établies en Angleterre ou d'industriels
ayant accepté ou réclamé l'intervention du Comité
des Forges.

Le Bureau de Londres, déjà renseigné par celui de
Paris sur une partie au moins de ces demandes, répartirait les commandes chez les fournisseurs anglais,
empêcherait leur dispersion inutile, les contrôlerait
le cas échéant, et fournirait en temps voulu à la Commission les éléments nécessaires pour obtenir du
Gouvernement britannique les autorisations de fabrication si elles n'avaient pas été préalablement obtenues, et les autorisations de sorties consécutives.

La Commission de Londres fournirait au Bureau
de Londres tous les renseignements en sa possession
susceptibles de faciliter le placement des commandes
dont il serait chargé ; mais il importe essentiellement,
pour tenir compte des desiderata exprimés par le
Gouvernement britannique, qu'elle reste seule chargée de la centralisation complète des autorisations
de sorties. J'y tiens personnellement d'autant plus
que j'ai senti depuis plusieurs mois la nécessité de
cette centralisation au cours des négociations que j'ai
été conduit à engager avec le Gouvernement anglais.

Telles sont les conditions générales dans lesquelles
pourrait être conçu le fonctionnement des deux Bureaux que vous auriez l'intention de créer à Londres
et Paris, au moins en ce qui concerne leurs rapports
avec le *Sous-Secrétariat de l'Artillerie et des Munitions*
et la Commission de Londres.

Je ne verrais, par suite, que des avantages à ce que
vous puissiez donner suite à votre projet d'envoi en
mission en Angleterre de M. Humbert de Wendel, en
vue d'examiner sur place les conditions d'installation
de votre Bureau de Londres.

Conformément au désir exprimé par vous dans votre
lettre du 28 octobre, je joins à la présente lettre deux

attestations de mission permettant à M. de Wendel de se faire délivrer des passeports pour l'Angleterre.

Veuillez agréer, Monsieur le Président, l'assurance de ma considération la plus distinguée.

Albert THOMAS.

Monsieur le Président du Comité des Forges.

XVII

COMITÉ DES FORGES DE FRANCE
—
Objet :
Organisation des achats en Angleterre.
Création d'un Bureau
du Comité des Forges de France
à Londres.

Paris, le 24 novembre 1915.

Monsieur,

Les usines françaises, et notamment celles qui travaillent pour la Défense Nationale, doivent aujourd'hui chercher en dehors de France, et dans beaucoup de cas en Angleterre, une partie des matières premières ou d'entretien et de l'outillage, qui sont nécessaires à leurs fabrications.

Jusqu'à présent, les usines n'ont pas coordonné leurs efforts en vue d'assurer en commun leurs approvisionnements; chacun s'est contenté de couvrir ses besoins immédiats par les moyens dont il disposait ou qui se sont offerts à lui.

M. le Sous-Secrétaire d'État de l'Artillerie et des Munitions, saisi par le Gouvernement anglais des inconvénients qui résultent de cet état de choses, a attiré sur ce point l'attention du Comité des Forges et l'a invité, en même temps, à étudier les moyens d'y remédier, en ce qui concerne les industries qui sont en relation avec lui.

Le défaut de centralisation signalé présente des inconvénients sérieux.

1° Beaucoup de matières nécessaires à notre industrie sont frappées en Angleterre d'une interdiction de sortie; l'industriel qui désire faire lever cette interdiction pour obtenir livraison du matériel commandé

par lui, n'est souvent pas instruit des formalités à
remplir et il en résulte pour lui des retards et des
démarches inutiles;

2° Ceux de nos industriels qui n'ont pas de relations
établies en Angleterre ne savent parfois où trouver
les fournitures dont ils ont besoin : ils mettent en
mouvement des intermédiaires plus ou moins nombreux qui, à leur tour, consultent tous les fournisseurs
anglais; cette manière de procéder fait apparaître des
besoins supérieurs aux besoins réels; elle occasionne
des frais supplémentaires et impressionne défavora-
blement le marché;

3° D'une façon générale il arrive fréquemment que
nos industriels se disputent les mêmes produits, ce
qui a pour conséquence de provoquer une suréléva-
vation des cours, sans augmenter les disponibilités.

Le Comité des Forges, répondant à l'appel qui lui
a été adressé, a l'honneur de vous informer qu'il se
met à la disposition de toutes les Sociétés adhérentes
aux groupements métallurgiques de la rue de Madrid
et de tous les industriels qui sont entrés en rapport
avec lui au sujet des fabrications nécessaires à la
Défense Nationale :

1° Pour leur faciliter les formalités à remplir en vue
d'obtenir des autorisations de sorties;

2° Pour leur procurer tous renseignements nécessaires concernant les fournitures qu'ils ont à rechercher, particulièrement en Angleterre;

3° Pour centraliser et, toutes les fois que cela est
possible, pour grouper en une seule main les achats
de matières premières ou d'entretien, soit qu'il en
assume lui-même la charge, soit qu'il accepte le concours désintéressé d'une organisation commerciale
déjà existante, ainsi qu'il l'a déjà fait pour les achats
de fonte.

A cet effet, le Comité des Forges crée, dans ses
Bureaux de Paris, un service spécial qui aura pour

mission essentielle de centraliser les demandes d'autorisation de sortie. Ces demandes devront être accompagnées d'un bon dûment signé et délivré par M. l'Officier de l'Inspection des Forges sous le contrôle duquel sont placées les fabrications. Ce service centralisera également les demandes de matériel, particulièrement de matériel anglais.

En ce qui concerne les autorisations de sorties, il sera chargé de grouper les demandes et de les transmettre au Sous-Secrétariat de l'Artillerie et des Munitions, en signalant celles présentant un caractère particulier d'urgence.

La tâche du service compétent du Sous-Secrétariat des Munitions se trouvant ainsi simplifiée, il pourrait plus rapidement faire suivre les demandes à la Commission des Munitions de Londres, qui seule est accréditée auprès du Ministère anglais pour obtenir ces autorisations de sorties.

D'autre part, le Comité des Forges a décidé d'installer à Londres un bureau permanent, qui le mettra en mesure de procurer plus facilement aux usines françaises les renseignements qui leur seraient nécessaires en ce qui concerne les fournitures qu'elles ont à rechercher en Angleterre.

Ce bureau servira également d'intermédiaire, soit pour les achats que le Comité des Forges — ou les organisations commerciales qui lui prêtent leur concours — auront à faire en Angleterre pour le compte commun, soit pour mettre les usines en relations avec les fournisseurs, soit même pour traiter en leur nom lorsque celles-ci lui en donneront le mandat.

Les premières demandes doivent toujours nous être adressées 7, rue de Madrid, mais notre bureau de Londres, une fois saisi d'une affaire par nous, pourra ensuite, en cas d'urgence, donner directement aux intéressés les informations qu'ils désirent.

Il est bien entendu que, comme toujours, l'intervention du Comité des Forges sera absolument désintéressée, il fournira gratuitement les renseignements qu'il pourra recueillir ; il ne se réservera pas de bénéfices sur les affaires qu'il pourra être appelé à traiter et se contentera de se faire couvrir de ses frais.

Il va de soi que certains de nos confrères ont à Londres des relations établies de longue date qui rendent peut-être pour eux notre concours superflu.

D'autre part, les industriels français ont toujours le droit de s'adresser directement au Sous-Secrétariat des Munitions et, par lui, à la Commission de Londres.

Mais, sous ces réserves, nous croyons agir dans l'intérêt général et répondre aux intentions de M. le Sous-Secrétaire d'État des Munitions, en vous recommandant d'avoir recours à notre intermédiaire, particulièrement pour les matières premières et les fournitures d'entretien.

De notre côté, vous pouvez être assuré que nous ne négligerons rien pour rendre à l'industrie française, travaillant pour les besoins de la Défense Nationale, tous les services qu'il sera en notre pouvoir.

Veuillez agréer, Monsieur, l'expression de nos sentiments dévoués.

Le Secrétaire Général,

R. PINOT.

Lettre circulaire aux adhérents du Comité des Forges.

XVIII

MINISTÈRE DE LA GUERRE

Cabinet du Sous-Secrétaire d'État

Artillerie et Munitions

RÉPUBLIQUE FRANÇAISE

Paris, le 6 mars 1916.

Monsieur le Président,

Vous avez bien voulu adhérer entièrement à mes propositions pour que les achats français de fontes en Angleterre soient centralisés par le Comité des Forges de France, représenté à Londres par M. Humbert de Wendel.

Depuis lors, une nouvelle intervention de M. Lloyd George me presse de déterminer rapidement la procédure que nous nous proposons d'appliquer et m'en précise certains détails.

J'ai l'honneur de porter à votre connaissance que dès ce jour le Gouvernement britannique et notre Mission Française à Londres n'accueilleront aucune demande d'exportation de fonte qui n'aura pas été transmise par le Comité des Forges.

Je vous prie de vouloir bien faire connaître d'urgence cette décision par une circulaire à tous vos adhérents et à tous les intéressés.

Dans mon prochain entretien avec M. Lloyd George, je m'efforcerai d'obtenir que la production des hauts-fourneaux rallumés par vos soins en Angleterre vous soit expédiée sans que les formalités d'autorisation d'exportation soient nécessaires.

Je suis prêt à insister pour que de nouveaux hauts-fourneaux soient mis à votre disposition, si vous voulez bien me faire parvenir, dans le plus bref délai, des propositions.

J'insiste à nouveau pour bien vous convaincre que la fonte achetée en Angleterre par vos soins doit d'abord être employée à maintenir la production de nos usines actuellement à feu et qu'aucune distribution n'en doit être faite sans l'assentiment du Service des Forges, qui doit veiller strictement au maintien de notre production en évitant les stockages par certaines maisons.

Vous voudrez bien, comme moi, vous rendre compte que le Gouvernement britannique désire de plus en plus, pour des raisons d'ordre économique, voir nos achats en Angleterre centralisés en une seule main, par catégorie.

Je vous demande donc d'étudier très rapidement la possibilité de centraliser nos besoins en riblons et produits réfractaires anglais, comme cela est maintenant fait pour la fonte.

Je compte sur le patriotisme de vos adhérents pour comprendre qu'en ce moment il n'y a pas des usines françaises, mais une seule usine dont j'ai l'honneur d'être le chef et chacun d'eux mon associé pour le but commun : la Victoire.

Veuillez agréer, Monsieur le Président, l'assurance de ma haute considération.

Albert Thomas.

Monsieur le Président du Comité des Forges de France, Paris.

XIX

MINISTÈRE DE LA GUERRE
—
Cabinet du Sous-Secrétaire d'État

RÉPUBLIQUE FRANÇAISE

Paris, le 5 mai 1916.

Le Sous-Secrétaire d'État de l'Artillerie et des Munitions à Monsieur le Président du Comité des Forges de France.

Monsieur le Président,

En présence des bons résultats déjà obtenus au sujet des fontes hématites par la centralisation des commandes françaises dont je vous ai chargé et des nouvelles exigences du Gouvernement britannique, j'ai décidé d'étendre la Mission que je vous ai confiée à toutes les autres fontes anglaises, y compris les fontes ordinaires, spiegels, ferro-silicium et ferro-manganèse dont la sortie d'Angleterre est actuellement prohibée.

La procédure adoptée pour les fontes hématites sera donc appliquée par vos soins aux autres produits en question, et à ce propos je vous serais obligé de me faire parvenir le projet de lettre que vos services adresseront aux consommateurs de fonte, qui sont approvisionnés actuellement par l'intermédiaire ou sans l'intermédiaire du Comité des Forges, pour les avertir de l'extension de la Mission que je vous ai confiée.

Je saisis cette occasion pour préciser à nouveau les grandes lignes de la procédure à adopter pour

toutes les centralisations (fontes, produits réfractaires) dont je vous charge à la suite de l'expérience
résultant de la centralisation pour les fontes hématites.

Le visa du Service des Forges apposé sur les déclarations de besoins qui vous seront faites par les
industriels pour les produits anglais en question et
sur l'état mensuel des stocks, offrant toute garantie
de contrôle, j'ai décidé de supprimer les attestations
A et B, en ce qui concern ces matières exclusivement.

Lorsque vos Services auront établi la centralisation des demandes à faire au Gouvernement anglais,
vous voudrez bien m'en faire adresser trois exemplaires pour approbation ou rectification de la part
de mes Services; l'un de ces exemplaires vous sera
retourné afin que vous le transmettiez à M. de Wendel pour que la Commission Française des Munitions
à Londres le présente au Gouvernement britannique,
et que M. de Wendel prenne toutes mesures utiles
avec les producteurs anglais pour le placement des
tonnages autorisés par le Gouvernement britannique.

Le second exemplaire sera remis au Colonel Ron-
neaux du Cabinet du S. S. E. pour permettre au
Service des relations avec l'Étranger d'être au courant des demandes faites à l'Angleterre puisque les
attestations A et B qui passaient par ce Service
sont supprimées par moi.

Le troisième exemplaire restera à la D. G. F. A.
pour contrôler les tonnages accordés sur les demandes présentées au Gouvernement britannique.

Lorsque la Commission Française des Munitions à
Londres connaîtra les tonnages accordés par le Gouvernement britannique, elle les fera connaître à la
D. G. F. A. et elle en communiquera un duplicata, à
titre de renseignement, à votre bureau de Londres.

Contrairement à ce qui avait lieu jusqu'ici, ce n'est plus la Commission Française des Munitions à Londres qui avertira directement les industriels des tonnages accordés par le Gouvernement britannique, mais c'est à la D. G. F. A. qu'il appartiendra de le faire, conformément aux instructions que j'ai données dans ce sens à la Commission Française des Munitions à Londres.

Parallèlement, votre Comité, par les soins de la D. G. F. A., sera officiellement averti des tonnages accordés aux consommateurs dont vous avez centralisé les commandes, afin que votre Comité soit à même de prendre toutes mesures utiles concernant le transport des tonnages que vous avez traités directement, ou prévenir les intermédiaires pour le transport des tonnages faisant l'objet de marchés en cours et non encore terminés.

Je vous fais connaître que j'ai donné toutes instructions utiles à la Direction des Forges pour préciser le rôle du Service des Forges et des Contrôles locaux qui ont à viser les déclarations de besoins des industriels et de stocks.

Enfin, je tiens à vous faire savoir que j'ai donné des instructions à la Commission Française des Munitions à Londres pour qu'elle avertisse les producteurs ou les vendeurs anglais de fonte ou de briques de silice ou de magnésie, qu'à la suite des accords intervenus entre le Gouvernement britannique et le Gouvernement français, la Commission Française des Munitions à Londres ne transmettra au Gouvernement britannique aucune demande d'exportation de fonte ou de produits réfractaires, siliceux et magnésiens pour la France, si elle ne lui est pas présentée par l'intermédiaire du Comité des Forges de France.

En même temps ces producteurs et ces vendeurs seront informés que, par décision du S. S. E. Fran-

çais des Munitions, le Comité des Forges représenté
à Londres par M. Humbert de Wendel est seul autorisé à traiter de nouveaux contrats pour la livraison
en France des produits en question.'

Veuillez agréer, Monsieur le Président, l'assurance
de ma haute considération.

Albert THOMAS.

XX

MINISTÈRE DE LA GUERRE

—

Cabinet du Sous-Secrétaire d'État

—

Boccages et mitrailles de fontes

RÉPUBLIQUE FRANÇAISE

—

Paris, le 27 juin 1916.

*Le Sous-Secrétaire d'État de l'Artillerie et des Muni-
tions à Monsieur le Président du Comité des Forges,
Paris.*

Monsieur le Président,

Votre lettre du 7 juin 1916 me demandait des instructions au sujet de la procédure à adopter pour
obtenir l'exportation d'Angleterre des mitrailles et
boccages de fontes de toutes qualités demandés par
les usines françaises.

A la suite de pourparlers entamés avec le Gouvernement britannique, j'ai l'honneur de vous faire
savoir que ce dernier est d'accord pour que cette
centralisation soit effectuée dans les mêmes conditions que pour les fontes en gueuses.

En conséquence, j'étends la mission que je vous ai
confiée pour toutes les qualités de fontes, à la catégorie des fontes en boccages et mitrailles.

Par suite, vous voudrez bien adopter pour ces
boccages la procédure actuellement employée pour
les fontes en gueuses.

La Direction des Forges donne des instructions
aux Inspections des Forges et à leurs détachements
pour les tenir au courant de cette extension de votre
mission.

Veuillez agréer, Monsieur le Président, l'assurance
de ma haute considération.

Albert THOMAS.

XXI

MINISTÈRE DE LA GUERRE   REPUBLIQUE FRANÇAISE

Cabinet du Sous-Secrétaire d'État

Fontes anglaises pour les
Usines suisses   Paris, le 12 juillet 1916.
travaillant pour la France

Le Sous-Secrétaire d'État (Artillerie et Munitions) à
Monsieur le Président du Comité des Forges de France,
Paris.

Monsieur le Président,

Le capitaine Piaton, chargé de mission en Suisse,
Bogenschützenstrasse 1, à Berne, me rend compte, le
5 juillet, par lettre n° 1144, que M. Sawyer, délégué
du Ministère des Munitions britannique en Suisse,
l'avait informé le 10 mai que, d'après les ordres qu'il
avait reçus de Londres, les expéditions de fontes et
autres matières premières de provenance anglaise
destinées aux commandes de l'Artillerie française, ne
pourraient être autorisées à l'avenir que si la demande en parvenait au Gouvernement britannique
par l'intermédiaire du commandant Hausser.

Du fait de cette décision du Gouvernement britannique qui estime que les exportations anglaises
destinées aux Maisons suisses ayant des marchés
avec le Gouvernement français doivent être portées
au débit du compte des produits anglais à céder aux
Alliés français, j'ai l'honneur de vous demander de
vouloir bien étendre à l'approvisionnement des Maisons suisses travaillant pour la France, la mission
que je vous ai confiée pour l'approvisionnement des

usines françaises en fontes de toutes natures, briques de silice et de magnésie d'origine anglaise; vous voudrez bien adopter, pour la Suisse, la même procédure que celle qui existe actuellement pour la France.

Naturellement, une demande d'autorisation d'exportation de France en Suisse devra être établie dans les formes habituelles pour les usines suisses en question, pour transiter les produits anglais arrivés en France à destination de la Suisse.

Vous trouverez en la personne du capitaine Piaton le concours le plus entier pour mener à bien, comme vous l'avez fait en France, cette nouvelle Mission.

Je fais avertir M. le capitaine Piaton par courrier de ce jour de la procédure que j'adopte pour la Suisse et de la mission que je vous donne; je vous serais obligé de vouloir bien lui faire tenir d'un autre côté les documents qui lui permettront de connaître le fonctionnement des services dont je vous ai chargé.

Veuillez agréer, Monsieur le Président, l'assurance de ma haute considération.

Albert THOMAS.

XXII

MINISTÈRE DE L'ARMEMENT
ET DES
FABRICATIONS DE GUERRE

Ferro-alliages. — Fontes

Paris, le 4 janvier 1917.

Le Sous-Secrétaire d'État des Fabrications de Guerre (Service des Produits Métallurgiques), à Monsieur le Secrétaire Général du Comité des Forges de France.

Monsieur le Secrétaire Général,

Depuis quelques mois, il résulte des complications très grandes et croissantes du fait des systèmes différents actuellement en vigueur pour les approvisionnements en fontes et en ferro-alliages des usines suisses travaillant pour la Défense Nationale : celles-ci reçoivent, d'une part, leurs fontes anglaises par les soins de votre Comité de la rue de Madrid, d'autre part, les fontes françaises et les boccages par les soins du Comité des Forges de la rue Pillet-Will, puis des fontes françaises par des intermédiaires français qui présentent directement des demandes d'autorisation d'exportations en Suisse, et enfin quelques usines suisses présentent pour se couvrir, pour un même tonnage de fontes, des demandes par la Société suisse de surveillance.

Il ne peut plus y avoir de ce fait aucun contrôle sur les quantités de fontes exportées, réellement nécessaires aux usines suisses, précisément à un moment où les besoins de fontes en France deviennent particulièrement aigus du fait des difficultés d'arrivage des fontes anglaises et américaines.

Enfin, au sujet des ferro-alliages d'importation,
notamment du ferro-manganèse et du spiegel destinés aux usines françaises, les demandes d'autorisation d'exportation pour des commandes adressées
directement par les consommateurs français aux
producteurs anglais notamment — demandes auxquelles j'ai toujours'donné avis défavorable —tendent
à vouloir échapper au système de centralisation
dont le Sous-Secrétaire d'État de l'Artillerie et des
Munitions avait chargé votre Comité.

La pénurie actuelle de ferro-alliage, et notamment
de ferro-manganèse et de spiegel, exige qu'un contrôle très sévère soit établi sur la consommation en
vue d'éviter la création de stocks chez quelques
usines productrices de ces deux ferro-alliages qui
tendraient à s'ériger en intermédiaires, au détriment
de la collectivité.

Donc, pour toutes ces raisons, il me semble que le
Service de votre Comité — qui est déjà chargé sous le
contrôle de mes Services de répartir les fontes anglaises et américaines — devient maintenant tout
indiqué pour centraliser toutes les questions de
fontes et de ferro-alliages — en gueuses ou en boccages — de toutes natures, tant pour les usines
suisses et portugaises que pour les usines françaises.

J'ai l'honneur de vous demander aussi de vouloir
bien adopter une seule formule pour les approvisionnements des usines suisses et portugaises, à savoir
que — quelle que soit la procédure suivie par le consommateur suisse ou portugais pour sa demande
de fontes et de ferro-alliages : Société suisse de surveillance, intermédiaire français, demande d'autorisation d'exportation, etc., le Service du Comité des
Forges de France, déjà chargé des fontes anglaises
et américaines, soit également chargé d'y pourvoir,
tant en fonte et ferro-alliages français qu'étrangers,
après que le capitaine Piaton, en mission en Suisse

et que le capitaine Laurens, en mission au Portugal, auront mis leur visa sur les demandes de fontes et auront fait connaître leur avis.

En principe, les livraisons de fontes que vous aurez à faire en Suisse et au Portugal devront être faites par vos soins aux consommateurs suisses et portugais seuls et à l'exclusion de tout intermédiaire helvétique, portugais ou français dont le rôle n'a plus lieu d'être, du fait de cette procédure unique.

Quant aux cas particuliers des ferro-alliages étrangers destinés aux consommateurs français, il serait opportun que vous vouliez bien faire rappeler à ceux-ci que leurs demandes doivent être satisfaites par les soins de votre Comité seul, à l'exclusion de tout marché direct ou de tout marché par intermédiaire.

Je vous serais obligé de me faire connaître votre accord et vos observations éventuelles sur les présentes suggestions, afin de me permettre de donner des instructions au capitaine Piaton et au capitaine Laurens et de demander à la Commission de dérogation aux prohibitions de sortie de refuser son avis favorable à toute demande d'autorisation d'exportation pour la Suisse ou le Portugal dont elle serait saisie directement, et de me la faire parvenir pour contrôle et pour lui donner éventuellement la suite qu'elle comporte par les soins de votre Comité.

Veuillez agréer, Monsieur le Secrétaire Général, l'assurance de ma considération distinguée.

Le Sous-Secrétaire d'État,

LOUCHEUR.

XXIII

MINISTÈRE DE L'ARMEMENT
ET DES
FABRICATIONS DE GUERRE

—

Sous-Secrétariat d'État
des Fabrications de Guerre

—

Direction des Forges

—

RÉPUBLIQUE FRANÇAISE

—

Paris, le 3 septembre 1917.

*Le Lieutenant-Colonel Weyl, Directeur des Forges, au
Comité des Forges de France, Paris.*

Il a déjà été entendu en principe entre le Service
des Produits Métallurgiques et votre Comité que
l'État céderait les fontes produites par le Haut-Fourneau de Caen au Comité des Forges de France qui
les répartirait entre les divers industriels. Le Comité
paierait la fonte à l'État au coût d'achat et la facture-
rait aux industriels après péréquation avec le prix
des fontes anglaises.

En attendant que la convention ait pu être établie,
je vous serais obligé de prendre livraison dès à présent des fontes en stock à la Société Normande de
Métallurgie, celle-ci m'informant qu'elle ne dispose
pas d'un emplacement suffisant pour constituer de
gros approvisionnements.

Pour l'organisation de vos expéditions aux industriels, il y aurait lieu de compter actuellement sur
une production journalière de 100 tonnes devant
augmenter de 50 tonnes tous les 8 jours.

WEYL.

XXIV

MINISTÈRE DE L'ARMEMENT
ET DES
FABRICATIONS DE GUERRE
—

Service des Produits métallurgiques
—

A. S. *approvisionnement en fonte
des Usines*
—

Paris, le 31 décembre 1917.

Le Ministre de l'Armement et des Fabrications de Guerre, à Monsieur le Secrétaire Général du Comité des Forges de France, Paris.

Monsieur le Secrétaire Général,

Par suite de la diminution des frets et des ordres de priorité établis dans les transports maritimes, les importations de fontes anglaises et américaines deviennent chaque jour moins importantes. Il en résulte pour l'approvisionnement des usines consommatrices des difficultés qui pourront s'atténuer lorsque les industriels seront mis en présence de la situation réelle et qu'ils pourront ainsi prendre en toute connaissance de cause les mesures nécessaires pour leurs fabrications et leur personnel.

J'ai donc l'honneur de vous demander de vouloir bien porter à la connaissance de tous les consommateurs de fonte, dont vous assurez l'approvisionnement complet ou partiel, la teneur de la présente lettre et les renseignements suivants qui avaient déjà fait l'objet de ma communication à la dernière réunion des industriels.

La situation des fontes est et restera difficile pendant deux à trois mois. Les prévisions de réception de fontes étrangères, tant hématites qu'ordinaires, pour le mois de janvier, oscilleront entre 30 et 40 pour 100 au plus des besoins réels des industriels ; ces derniers ne pourront donc être couverts que dans de faibles proportions.

Les difficultés plus grandes qui surgissent chaque jour nécessitent que la production des fontes françaises soit répartie entre les consommateurs au mieux des intérêts de la Défense Nationale et en tenant compte de l'urgence et de la priorité de certaines fabrications.

J'ai donc décidé qu'à partir du 31 mars 1918, toute la production française de fonte serait achetée par l'État et répartie par vos soins sous le contrôle de mes services, comme vous le faites actuellement pour les fontes anglaises et américaines.

De cette manière, l'approvisionnement régulier des usines pourra être obtenu sur des bases fixes qui permettront aux industriels de savoir sur quel tonnage existant ils pourront compter mensuellement pour leurs fabrications. Mes Services s'occuperont également d'établir les marchés de fonte entre l'État et les producteurs en vue de réaliser par la suite une péréquation générale des prix par qualité de fonte entre les fontes françaises, anglaises et américaines à mettre à la disposition des industriels dans les conditions pratiquées actuellement pour les fontes anglaises et américaines.

Les marchés particuliers existant actuellement entre les consommateurs de fonte et les hauts-fourneaux continueront à être exécutés par les producteurs jusqu'au 31 mars 1918, sauf nécessité exceptionnelle exigeant mon intervention.

C'est une très lourde tâche qui est assumée par le Service des Produits Métallurgiques et je ne doute pas que, pendant la période de transition qui va exister entre le début de janvier et la fin de mars, les consommateurs n'apportent la meilleure volonté à collaborer avec mes Services et à faciliter ainsi ma tâche.

Mes instructions ultérieures seront communiquées tant aux consommateurs par la voie de la presse qu'aux Inspections des Forges et à vos Services mêmes par circulaires ministérielles, dont les consommateurs auront également connaissance.

Veuillez agréer, Monsieur le Secrétaire Général, l'assurance de ma considération distinguée.

LOUCHEUR.

XXV

MINISTÈRE DE L'ARMEMENT
ET DES
FABRICATIONS DE GUERRE

Service des Produits métallurgiques

*Fonte des Hauts-Fourneaux
de Rouen*

Paris, le 21 mai 1918.

*Le Ministre de l'Armement et des Fabrications de Guerre
à Monsieur le Secrétaire Général du Comité des Forges
de France, Paris.*

Monsieur le Secrétaire Général,

J'ai l'honneur de vous faire parvenir ci-joint copie de la lettre que j'adresse ce jour à la Direction des Forges, et dans laquelle je lui demande de faire établir entre l'État et votre Comité une convention relative à la cession des fontes de la Société des Hauts-Fourneaux de Rouen, fontes qui ont été achetées par l'État et dont je vous demande de prendre en main la répartition entre les consommateurs comme pour les fontes de Caen et dans les conditions mentionnées dans la lettre ci-jointe.

En attendant que la convention à intervenir entre l'État et votre Comité ait été établie, je vous prie de procéder dès maintenant à la répartition des fontes de la Société des Hauts-Fourneaux de Rouen, d'accord avec mon service comme pour les fontes de Caen et pour les fontes anglaises.

Des instructions ont été données à l'Inspection des Forges de Paris pour la prise en charge des fontes de

Rouen et les desiderata exprimés dans votre note du
14 courant au sujet de ces fontes ont été transmis à
l'Inspection des Forges de Paris pour exécution.

Veuillez agréer, Monsieur le Secrétaire Général,
l'assurance de ma considération distinguée.

Pour le Ministre de l'Armement
et des Fabrications de Guerre et p. o.,
le Sous-Intendant militaire de 1re Classe,
Chef du Cabinet,

LOISY.

XXVI

MINISTÈRE DE L'ARMEMENT
ET DES
FABRICATIONS DE GUERRE

Paris, le 18 mars 1918.

—

Service des Produits métallurgiques

—

*A. S. de la centralisation et de la
péréquation des fontes*

—

*Le Ministre de l'Armement et des Fabrications de
Guerre, à Monsieur le Secrétaire Général du Comité
des Forges de France, Paris.*

Monsieur le Secrétaire Général,

J'ai l'honneur de porter à votre connaissance que
j'ai remis au 1er juin 1918 le début de l'organisation
ayant pour but de centraliser et de répartir, sous le
contrôle de l'État, à des prix de péréquation, toutes
les disponibilités de fontes françaises et d'importation.

Bien que les dernières modalités de cette organisation ne doivent être définitivement approuvées par
moi que sous quelques jours, et après que nous en
aurons conféré ensemble, je vous serais obligé de
vouloir bien prendre dès maintenant toutes mesures
utiles en vue d'assurer dès le 1er juin le fonctionnement de cette importante organisation qui exigera
une extension notable de vos Services; les deux mois
et demi qui vous restent pour mettre sur pied ces

NOTA. — Le début du fonctionnement de l'organisation visée
dans la lettre ci-dessus a été reporté ultérieurement, par circulaire ministérielle, au 1er juillet 1918.

Services représentent en effet le temps juste suffisant.

Je ne doute pas que je puisse continuer à compter pleinement sur le concours dévoué et efficace du Comité des Forges pour les répartitions de fontes, et du Comptoir Métallurgique de Longwy pour les opérations commerciales et la gestion de la Chambre de Compensation qui opéreront avec le concours de mes Services et sous leur contrôle comme actuellement.

Veuillez agréer, Monsieur le Secrétaire Général, l'assurance de ma considération distinguée.

LOUCHEUR.

XXVII

MINISTÈRE DE L'ARMEMENT
ET DES
FABRICATIONS DE GUERRE

Paris, le 3 avril 1918.

Service des Produits métallurgiques

Le Ministre de l'Armement et des Fabrications de Guerre à Monsieur le Secrétaire Général du Comité des Forges de France, Paris.

Monsieur.

Des circonstances dont vous connaissez le caractère impérieux, m'ont amené à prendre en main la répartition de toutes les fontes produites en France ou importées.

Déjà, sur l'invitation de mon prédécesseur et sur la mienne, le Comité des Forges de France a bien voulu prêter à mon Administration le concours le plus précieux, en acceptant d'être l'acheteur unique des fontes anglaises pour la France, et de répartir, suivant les indications de mes Services, ces fontes ainsi que les fontes américaines et certaines fontes françaises achetées par l'État.

Je vous prie aujourd'hui de bien vouloir étendre ce concours, tout en conservant vos attributions actuelles.

La nature de la collaboration que je demande à votre Comité, dans l'intérêt supérieur de la Défense Nationale est définie en partie dans les trois circulaires 12.415 PM - 6/5, 12 414 PM - 6/5 et 15182 PM - 6/5, que mon Service des Produits Métallurgiques a préparées d'accord avec les représentants du Comité et dont vous avez eu communication.

Il sera entendu en outre que mon Service des Produits Métallurgiques recevra de vos bureaux le concours matériel le plus étendu, dans l'exercice des
attributions que ces circulaires lui confèrent, notamment pour le dépouillement, le classement des commandes de fonte, la préparation des décisions à prendre
à leur égard, leur répartition entre les fournisseurs,
le contrôle des expéditions.

Vos Services ou ceux du Comptoir Métallurgique
de Longwy auront à effectuer les opérations financières auxquelles le fonctionnement de la Chambre
de Compensation donnera lieu.

Je vous serais très obligé de bien vouloir me confirmer que vous voulez bien accepter cette nouvelle
mission.

Comptant sur cet accord, et en vue d'accélérer l'expédition des affaires, je charge M. le chef de bataillon
Gruault d'établir une liaison permanente entre vos
Services et mon Service des P. M. pour tout ce qui
concerne la répartition des fontes. Il me serait
agréable que vous voulussiez bien mettre à la disposition de cet Officier supérieur un bureau situé
dans les locaux occupés par votre Division des Fontes.

LOUCHEUR.

NOTA. — Les circulaires citées dans la lettre ci-dessus ont pour
objet :
la circulaire Nº 12413 « Règles générales pour la centralisation
et la répartition par l'Etat, entre les consommateurs, de la totalité
des fontes produites en France et importées de l'étranger. Institution d'une Chambre de Compensation. »
la circulaire Nº 12414 « Règles générales déterminant la procédure que les consommateurs auront à suivre pour s'approvisionner
en fonte de moulage et d'affinage appartenant à l'Etat ou réparties
sous son contrôle. »
la circulaire Nº 13182 « Règles générales déterminant la procédure à suivre pour les règlements à intervenir entre les consommateurs, les producteurs et la Chambre de Compensation. »

XXVIII

MINISTÈRE DE L'ARMEMENT
ET DES
FABRICATIONS DE GUERRE
—
Service des Produits métallurgiques
—

Paris, le 6 avril 1918.

Le Ministre de l'Armement et des Fabrications de Guerre à Monsieur le Secrétaire Général du Comité des Forges de France, Paris.

Monsieur le Secrétaire Général,

La Circulaire n° 12 413 P M - 6/3, relative à la centralisation et à la répartition de la fonte par l'État prévoit dans son titre I l'institution d'une Chambre de Compensation administrée par un groupement de producteurs de fonte à constituer. Elle fixe également dans ses grandes lignes les conditions de fonctionnement de cette Chambre de Compensation et ses rapports avec les producteurs.

Les producteurs de fonte étant particulièrement intéressés au bon fonctionnement de cette Chambre de Compensation qui n'aura à traiter qu'avec eux, il m'a semblé, en effet, qu'il convenait de leur en confier la gestion. Ils seraient dans ce but groupés en une société ayant capacité commerciale, de préférence une société anonyme, à capital et à personnel variables, semblable, par exemple, à celle qu'ont formée les consommateurs de briques de silice.

Pour assurer l'égalité de traitement entre les producteurs de fonte, je désirerais que tous les producteurs de fonte dont la production totale pendant le premier trimestre 1918 aurait dépassé un certain chiffre minimum, qu'on pourrait fixer à 500 tonnes, fussent appelés à en faire partie, que chacun d'eux eût le droit de souscrire autant d'actions que sa production trimestrielle représenterait de fois 500 tonnes. On s'entendrait pour fixer la production des usines nouvelles comme Caen et Rouen.

Je vous prie de bien vouloir réunir les producteurs de fonte (hauts-fourneaux, cubilots, fours électriques) pour les inviter à former cette société.

Répondant aux suggestions de mes services, vous avez bien voulu m'offrir de mettre les organisations du Comité des Forges de France à la disposition du futur groupement pour assurer la direction des opérations de la Chambre de Compensation. Je suis convaincu que le groupement appréciera comme moi le grand intérêt de cette proposition, et les avantages qu'il retirera de l'expérience et de la compétence de votre personnel, et il me sera très agréable d'apprendre qu'un arrangement a été conclu sur ces bases.

D'autre part, ma Circulaire B n° 12 414 PM - 6/3 du 25 mars (titre II, ch. I) prévoit que mes services seront assistés dans la répartition des fontes par un Comité consultatif de consommateurs et de producteurs dont les membres seront nommés par moi.

Ce Comité consultatif aura pour rôle de me présenter les desiderata des consommateurs et des producteurs pour toutes les questions relatives à la répartition des fontes, de donner son avis sur la répartition des commandes entre les fournisseurs, sur la fixation des prix de péréquation et des majorations pour qualité et généralement sur les questions soumises à son examen par mon Service des P. M. Il me paraît opportun que ce Comité soit composé par moitié de producteurs (consommateurs ou non) et de consommateurs non producteurs.

Veuillez agréer, Monsieur le Secrétaire Général, l'assurance de ma considération distinguée.

Loucheur.

XXIX

MINISTÈRE DE L'ARMEMENT
ET DES
FABRICATIONS DE GUERRE
—

RÉPUBLIQUE FRANÇAISE
—

Paris, le 24 juin 1918.

Monsieur R. Pinot, Secrétaire Général du Comité des Forges de France, Paris.

Monsieur le Secrétaire Général,

J'ai l'honneur de vous faire connaître la liste des industriels que j'ai désignés pour constituer le Comité Consultatif des Consommateurs et des Producteurs de fontes.

Ce Comité donnera son avis sur toutes les questions de nature technique, commerciale et financière, concernant la répartition des fontes, qui seront soumises à son examen par le Service des P. M.

Les consommateurs producteurs seront représentés par :

MM. Schneider et Cie;

M. Cavallier;

Les Aciéries de Chatillon-Commentry et Neuves-Maisons;

Les Aciéries de Paris et d'Outreau;

Les Aciéries de la Basse-Loire;

Les Aciéries de Commentry-Fourchambault et Decazeville;

Les consommateurs non producteurs seront représentés par :

MM. Chappée, fondeurs-constructeurs au Mans;

M. Dufour, Président du Comité permanent des fabricants d'obus en fonte aciérée;

M. Puech, administrateur-directeur de la Société pour la fabrication des cylindres de laminoirs ;

M. Leflaive, constructeur à Saint-Étienne;

M. Sobier, administrateur-délégué des établissements Sobier ;

M. Heeley, administrateur-délégué de la Société des compteurs et matériel d'usines à gaz ;

M. Bouchillou, administrateur-délégué des fonderies électriques de Paris et de la Seine ;

Le Comité consultatif des Consommateurs et des producteurs de fontes sera présidé, en mon absence, par le Chef du Service des Produits métallurgiques du Ministère de l'Armement et des Fabrications de Guerre.

J'ai averti chacune des personnes désignées.

Veuillez agréer, Monsieur le Secrétaire Général, l'assurance de ma considération distinguée.

LOUCHEUR.

XXX

MINISTÈRE DE LA
RECONSTITUTION INDUSTRIELLE

—

Service des Produits métallurgiques

—

Direction des M. P.

—

*Liquidation de la Chambre
de Compensation*

—

Paris, le 6 janvier 1919.

*Le Ministre de la Reconstitution Industrielle à Monsieur
le Président de la Chambre de Compensation des
Fontes, Comité des Forges de France, Paris.*

Monsieur le Président,

J'ai l'honneur de vous faire connaître qu'à la suite de la réunion du Comité consultatif des fontes qui a eu lieu le[1] décembre 1918, j'ai arrêté les mesures transitoires à prendre en vue d'éviter les crises que pourrait provoquer le passage trop brusque du temps de guerre au temps de paix.

Ces mesures ont été portées à la connaissance des consommateurs et des producteurs de fontes par les circulaires n° 59368 PM 6/3 du 21 décembre 1918 et n° 162 PM 1/3 du 31 décembre 1918, dont vous avez eu connaissance en temps utile.

En conséquence les opérations de la Chambre de Compensation doivent être closes au 31 décembre 1918 et je vous serais obligé de vouloir bien prendre toutes mesures utiles pour en liquider les comptes.

1 D e omise sur l'original.

Je saisis cette occasion pour vous remercier du concours très précieux que vous avez bien voulu donner à mon Administration au cours du dernier semestre.

Veuillez agréer, Monsieur le Président, l'assurance de ma considération distinguée.

LOUCHEUR.

XXXI

MINISTÈRE
DE LA
RECONSTITUTION INDUSTRIELLE

—

Service des produits métallurgiques

—

Direction des matières premières

—

*Centralisation et répartition
des fontes*

—

Paris, le 28 février 1919

Le Ministre de la Reconstitution Industrielle à Monsieur le Secrétaire Général du Comité des Forges de France, Paris.

Monsieur le Secrétaire Général,

J'ai l'honneur de vous faire connaître que la mission de centraliser les besoins de fontes de toutes natures et de répartir les productions françaises et les importations, que j'avais maintenue à votre Comité pour le 1er trimestre 1919, cessera à partir du 1er avril 1919.

Le commerce des fontes brutes redeviendra donc libre à partir de cette date.

La division des Fontes brutes de votre Comité devra liquider au cours du 2e trimestre les engagements antérieurs ou ceux qu'elle a pris au cours du 1er trimestre, du fait de la mission qui lui avait été confiée, vis-à-vis soit des producteurs anglais, soit des consommateurs français.

Je vous serais obligé de vouloir bien avertir, d'urgence, par circulaire, les usines productrices et tous les consommateurs afin qu'ils puissent prendre au plus tôt leurs dispositions, les unes pour leurs livraisons, les autres pour leurs approvisionnements de fonte du 2ᵉ trimestre.

Je vous prie de transmettre l'expression de ma gratitude au personnel du Comité des Forges pour l'active et dévouée collaboration qu'il a donnée à mes Services au cours de cette guerre, depuis le mois de mars 1916, en vue d'assurer la répartition des fontes entre les usines.

En dépit de nombreuses et de grandes difficultés dues aux circonstances, la mission qui a été confiée à votre Comité a eu les plus heureux résultats pour assurer la marche des fabrications intéressant la Défense Nationale.

Veuillez agréer, Monsieur le Secrétaire Général, l'assurance de ma considération distinguée.

LOUCHEUR.

XXXII

MINISTÈRE DE L'ARMEMENT
ET DES
FABRICATIONS DE GUERRE

DÉCISION INTERMINISTÉRIELLE DU 31 AOÛT 1917

RELATIVE À LA

Centralisation des importations anglaises d'aciers ordinaires autres que les importations directes de l'État

DÉCISION INTERMINISTÉRIELLE

Centralisation des importations anglaises d'aciers ordinaires autres que les importations directes de l'État.

1º CRÉATION DE L'ORGANE CENTRALISATEUR.

Pour les aciers ordinaires spécifiés ci-après, il est convenu avec le Gouvernement britannique, en ce qui concerne les achats autres que ceux effectués directement par l'État :

1º Qu'il n'accorde d'autorisation de fabrication et d'exportation qu'à concurrence d'un tonnage mensuel ou trimestriel déterminé, et pour autant que les demandes lui soient présentées par la Commission française des munitions à Londres ;

2º Que pour activer les opérations, il n'est plus

1. *Journal Officiel* du 5 septembre 1917.

effectué en Angleterre que des achats comportant, pour chaque article de la spécification, un tonnage minimum déterminé.

En conséquence, il est institué en France, pour ces aciers, un organe centralisateur dont les demandes sont seules prises en considération par la Commission française des munitions à Londres, et donc par le Gouvernement britannique.

Cet organe centralisateur — agent d'exécution du Ministère de l'Armement — est le Comptoir d'Exportation des produits métallurgiques, 7, rue Pillet-Will, à Paris. Il centralise les besoins et en assure la satisfaction dans la mesure du possible. Il se charge des transports maritimes et opère sans bénéfice ; ses prix de vente sont établis d'après un prix de base et des majorations de classe fixés par le Ministre de l'Armement sur la proposition de la Commission interministérielle des métaux et des fabrications de guerre (C. I. M.).

Par suite, pour les aciers ordinaires spécifiés ci-après, aucune demande d'autorisation ou d'importation n'est plus admise en dehors de celles présentées par le Comptoir :

Lingots ;

Billettes, blooms et largets ;

Tôles pour chaudières ;

Aciers étirés et laminés à froid ;

Feuillards, fers plats, pour fabrication des tubes soudés ;

Poutrelles ;

Tôles pour tous usages (autres que pour chaudières) ;

Rails ;

Fers profilés (cornières, T. U. etc.).

Rien n'est modifié en ce qui concerne les tôles pour dynamos, ainsi que les fers-blancs (inclus tôles plombées et tôles noires de $1,27 \times 0,635 \times 96/100$)

pour lesquels il existe déjà un régime de centralisation des achats.

2° FONCTIONNEMENT.

Les acheteurs (consommateurs et marchands) ainsi que le Comptoir se conformeront aux règles suivantes :

A. — *Commandes de 10 tonnes et au-dessous.*

a) Le Comptoir ne prend en considération que les commandes qui, pour chaque article de la spécification ci-dessus, comprennent au minimum 10 tonnes par profil, ce minimum étant réduit à 5 tonnes pour les tôles d'un même type. Pour ces minima et pour les tonnages au-dessous, les commandes, établies d'après les règles générales de la C. I. M., sont passées aux marchands de fer ; ceux-ci sont tenus de recourir directement à leurs confrères pour tout complément d'approvisionnement dont ils auraient besoin.

b) Les mesures prises pour alimenter au mieux les marchands de fer ayant pour objet de décharger l'importation ainsi que les forges françaises des petites et moyennes commandes, ils sont tenus de réserver leurs approvisionnements à la satisfaction de celles-ci ; à cet effet : 1° ils ne pourront, sans autorisation préalable du Ministère du Commerce, livrer à un même client, pour chaque profil, un tonnage mensuel supérieur à 10 tonnes ; en cas de contravention, les commandes qu'ils auraient ainsi satisfaites ne seraient pas admises comme justification de sortie de leurs magasins, et ce, sous réserve de toutes sanctions ; 2° tout service qui, dans la limite du tonnage prévu, n'obtiendrait pas satisfaction bien que les approvisionnements soient suffisants, pourrait en appeler devant la C. I. M., qui aviserait.

B. — *Commandes normales et grosses commandes.*

Sont appelées « commandes normales » celles dont les tonnages, supérieurs à 10 tonnes par profil, sont cependant inférieurs aux minima convenus avec le Gouvernement britannique.

Sont appelées « grosses commandes » celles dont le tonnage est égal ou supérieur à ces minima.

Cette distinction n'intéresse pas les acheteurs et ne concerne que le Comptoir, à qui il appartient de grouper au mieux les commandes de ces deux catégories en vue de réaliser, pour ses achats en Angleterre, les tonnages minima permettant leur prise en considération par la Commission française des munitions.

Pour toutes commandes de 10 tonnes par profil et au-dessus (5 tonnes pour les tôles), les acheteurs opèrent comme suit :

1° Ils établissent à leur nom une demande d'autorisation d'achat au Comptoir d'Exportation des Produits Métallurgiques, 7, rue Pillet-Will. Cette demande, rédigée en quatre exemplaires, est envoyée par eux au département ou service intéressé, par l'intermédiaire de son représentant régional. Ces acheteurs emploieront, à cet effet, la forme de bon de commande qui leur est propre ;

2° Ces départements ou services, opérant dans la limite de leur quantum, étudient chaque demande ; en cas de refus, ils avisent directement le demandeur par renvoi de ses bons ; en cas d'avis favorable, ils conservent l'un des bons et transmettent les trois autres, revêtus dudit avis favorable, au secrétariat général (S. G.) de la C. I. M. ;

3° Le S. G. de la C. I. M. étudie chaque demande comme s'il s'agissait d'une autorisation d'importation ; en cas d'avis défavorable, il avise l'acheteur.

ainsi que le service intéressé par renvoi à chacun d'eux d'un exemplaire du bon; en cas d'avis favorable, l'autorisation d'achat est mentionnée sur les trois exemplaires du bon; l'un d'eux est conservé par la C. I. M. qui renvoie les deux autres au Comptoir d'Exportation;

4° Le Comptoir d'Exportation note la commande correspondante et en avise l'acheteur par remise d'un des deux exemplaires du bon;

5° Par tel groupement que convenable, le Comptoir réalise les tonnages nécessaires et soumet à la C. I. M., en trois exemplaires, ses demandes d'achat globales en Angleterre;

6° Le S. G. de la C. I. M. autorise les achats globaux et délivre les autorisations d'importation correspondantes; il conserve un exemplaire des demandes et remet les deux autres au Comptoir;

7° Pour le placement de ses commandes en Angleterre, le Comptoir opère en liaison avec la Commission française des munitions à Londres, qui reste seule chargée des négociations avec le Gouvernement britannique pour les autorisations de fabrication et d'importation;

8° Dans la limite des possibilités, le Comptoir assure, jusqu'à la mise sur wagon gare expéditrice française, l'exécution des commandes qu'il a notées; il livre soit par importation directe, soit par les magasins qu'il a approvisionnés à cet effet; il opère tous règlements de compte;

9° Les paiements au Comptoir sont effectués comme suit : 25 pour 100 au moment de la délivrance de l'autorisation d'achat, c'est-à-dire au moment où l'acheteur reçoit du Comptoir avis que sa commande est notée; 75 pour 100 en une lettre de garantie de banque réalisable à l'embarquement.

Les excédents de disponiblités du Comptoir sont employés en bons de la Défense Nationale dont les intérêts viennent en déduction des charges du Comptoir.

Les excédents de recettes qui pourraient provenir de l'ensemble des opérations seront reversés au Trésor au titre de « recettes accidentelles des ministères ».

Fait à Paris, le 31 août 1917.

Le Ministre du Commerce, de l'Industrie,
des Postes et des Télégraphes,

CLÉMENTEL.

Le Ministre de l'Armement
et des Fabrications de guerre,

ALBERT THOMAS.

XXXIII

MINISTÈRE DE LA GUERRE

—

DÉCRET DU 11 MAI 1916

PORTANT CRÉATION AU MINISTÈRE DE LA GUERRE D'UNE

COMMISSION DES MÉTAUX ET DES BOIS [1]

Le Président de la République française,

Sur le rapport du Ministre de la Guerre;

DÉCRÈTE :

ARTICLE PREMIER.

Il est créé au Ministère de la Guerre, pour la durée des hostilités, une Commission des métaux et des bois chargée de centraliser les achats de métaux et bois demandés à l'étranger et de répartir ces matières importées, en même temps que celles de provenance française, au mieux des intérêts de la défense nationale.

ART. 2.

Cette Commission, placée sous l'autorité du Ministre de la Guerre, est présidée par le Sous-Secrétaire d'État de l'Artillerie et des Munitions ou son représentant et comprend :

1 représentant du Ministère des Finances (Douanes);

1. *Journal Officiel* du 16 juin 1916.

1 représentant du Ministère de la Marine (Guerre);

1 représentant du Ministère de la Marine (Sous-Secrétariat d'État de la Marine marchande);

1 représentant du Ministère des Travaux publics;

1 représentant du Ministère du Commerce, des Postes et des Télégraphes;

1 représentant du Sous-Secrétariat d'État de l'Intendance et du Ravitaillement;

1 représentant du Sous-Secrétariat d'État du Service de Santé;

1 représentant de la Direction de l'Aéronautique;

1 représentant de la Direction du Génie;

1 représentant du 4° bureau de l'État-Major de l'armée;

1 représentant du Grand Quartier Général.

Chaque représentant peut être accompagné d'un délégué technique à voix consultative.

Art. 3.

La Commission examine, pour chaque catégorie de matière, les demandes présentées au nom de chacun de ces Départements ou Services ou de leurs représentants. Elle émet un avis motivé sur la réalité des besoins et leur ordre d'urgence. Ces demandes sont coordonnées en des propositions d'ensemble et arrêtées par le Sous-Secrétaire d'État qui décide ou, s'il le juge utile, en réfère au Ministre de la Guerre.

Art. 4.

Les délibérations de la Commission font l'objet d'un procès-verbal signé par les délégués et ne peuvent être divulguées sans l'autorisation du Gouvernement.

Art. 5.

La Commission se réunit aux jour et lieu fixés par le président.

R. PINOT. — Comité des Forges. 20

Art. 6.

Chaque représentant indique à la Commission ses besoins totaux par spécification. La répartition de la disponibilité, accordée à chaque Ministère ou Service, est faite sous la seule autorisation du Ministre ou Chef de service.

Art. 7.

Tout métal ou bois importé en France sans l'avis de la Commission pourra être saisi par les Douanes ou réquisitionné, et réparti par la Commission aù prix de matières analogues françaises.

Art. 8.

Le Ministre de la Guerre est chargé de l'exécution du présent décret, qui sera publié au *Journal officiel* de la République française.

Fait à Paris, le 11 mai 1916.

R. POINCARÉ.

Par le Président de la République :

Le Ministre de la Guerre,

ROQUES.

XXXIV

Lettre adressée par le Ministre de l'Armement au Comptoir d'Exportation à la date du 21 juillet 1917.

Messieurs,

J'ai l'honneur de vous faire connaître qu'à la suite des démarches faites par mon représentant à Londres, le Gouvernement britannique a consenti à allouer au Consortium des Marchands de Fer un contingent de 10 000 tonnes d'aciers ordinaires sur juillet et un de 10 000 tonnes sur août pour lesquels il a été accordé une priorité n° 4 ; pour les mois suivants, ces commandes jouiront de la priorité n° 5.

Vous voudrez bien procéder pour ce contingent d'acier exactement comme vous le faites à l'heure actuelle pour les fers-blancs, c'est-à-dire que vous agirez comme représentants du Ministère de l'Armement pour la passation des commandes, le paiement et la répartition en France, sous le contrôle de la Commission des Métaux et des Fabrications de Guerre.

Ces opérations seront faites comme les précédentes sans bénéfice pour le Comptoir d'Exportation, le bénéfice, s'il y en a, devant être réservé au Trésor au titre des « Recettes accidentelles des Ministères ».

Cette mesure a été édictée pour faciliter l'approvisionnement des Marchands de Fer en France et aussi dans le but de supprimer les petites commandes qui étaient jusqu'à ce jour passées en Angleterre et qui ne pouvaient plus être servies.

Il convient d'entrer de plus en plus dans la voie de la centralisation des achats et je compte que vous voudrez bien continuer à prêter votre précieux concours à la réalisation de ce programme auquel le Gouvernement attache le plus grand prix.

Veuillez agréez, Messieurs, l'assurance de mes sentiments distingués.

Albert THOMAS.

XXXV

*Déclaration faite à la Chambre des Communes, à la
séance du 24 avril 1918, par M. G. Wardle, secrétaire
parlementaire du Board of Trade, en réponse à une
demande de renseignement posée par M. Lough.*

« En raison de la pénurie d'acier et de fer-blanc
dans ce pays, il a été nécessaire de limiter les exportations vers la France, et le Gouvernement français a
été invité à mettre sur pied un organisme chargé de
répartir au mieux les tonnages réduits de ces fournitures. Toutes exportations de ces marchandises
d'Angleterre ont été consignées à l'organisme désigné
par le Gouvernement français, organisme agissant
comme canal de distribution entre les producteurs
d'ici et les consommateurs de France. Le Gouvernement français a choisi à cet effet le Comité des Forges,
et tout en reconnaissant que ces dispositions présentent certains inconvénients inévitables, le Président
du Board of Trade n'est nullement disposé, dans les
circonstances actuelles, à les modifier. »

XXXVI

MINISTÈRE DE L'ARMEMENT
ET DES
FABRICATIONS DE GUERRE

Cabinet du Ministre

N° 1488-1/M

RÉPUBLIQUE FRANÇAISE

11 mars 1917.

DÉCISION MINISTÉRIELLE

Les propositions de la Sous-Commission de la Commission Interministérielle des Bois et Métaux du 2 mars 1917, relatives à la centralisation des achats de fer-blanc en *Angleterre* et à la répartition de ce produit en France, sont approuvées.

1° A partir de ce jour, les achats de fer-blanc seront effectués par les soins du Comptoir d'Exportation des Produits Métallurgiques du Comité des Forges de France, sous le contrôle du Ministre de l'Armement.

2° Les commandes directes des Services de la Guerre et de la Marine seront servies par priorité par le Comptoir d'Exportation des Produits Métallurgiques, sur visas des Services de la Guerre et de la Marine intéressés.

Dans la limite du quantum fixé par la Commission Interministérielle pour chaque service, celui-ci sera libre de passer ses commandes en *France* aux fournisseurs de son choix.

5° Les Services de la Guerre et de la Marine devront faire connaître au Comptoir d'Exportation des Produits Métallurgiques les spécifications de fer blanc qui sont nécessaires à leurs fabrications.

4° Tout le fer-blanc provenant d'autres pays que l'*Angleterre* sera contrôlé au point de vue de la répartition et des prix de vente par le Ministre du Commerce, dans la limite des quantums fixés.

5° Chaque Service consommateur de fer-blanc devra faire connaître le plus tôt possible au Secrétariat de la Commission Interministérielle des Bois et Métaux l'Officier désigné pour le visa des commandes de fer-blanc.

6° La répartition du fer-blanc pour mars et avril proposée par la Sous-Commission est approuvée.

7° Le fer-blanc provenant des commandes mises en fabrication en *Angleterre* sera pris en charge par le Comptoir d'Exportation des Produits Métallurgiques et réparti suivant les prescriptions ci-dessus.

Albert THOMAS.

Pour copie conforme,

Pour le Ministre de l'Armement
et des Fabrications de Guerre, par ordre,

Le Secrétaire de la Commission,

EXBRAYAT.

XXXVII

COMMISSION
INTERMINISTÉRIELLE
DES
BOIS ET MÉTAUX
ET DES
FABRICATIONS DE GUERRE
—
N° 2417-1/M

17 mars 1917,

DÉCISION MINISTÉRIELLE

La décision N° 1488-1/M du 11 mars 1917, relative à la centralisation des achats de fer-blanc et à la répartition de ce produit en *France*, est modifiée et complétée comme suit :

1° A partir de ce jour, tout le fer-blanc produit en *France* ou importé *d'Angleterre*, *d'Amérique*, ou de tout autre pays, sera acheté par le Comptoir d'Exportation des Produits Métallurgiques, 7, rue Pillet-Will.

2° La répartition de tout le fer-blanc fabriqué ou importé sera faite par les soins de la Commission Interministérielle des Bois et Métaux et des Fabrications de Guerre, sous le contrôle du Ministre de l'Armement.

3° Le contrôle de la production française en fer-blanc sera exercé par le S. S. E. F. G. (Service des Forges) qui indiquera, le 10 de chaque mois, à la Commission Interministérielle des Bois et Métaux et des Fabrications de Guerre le tonnage de fer-blanc qui sera disponible le mois suivant dans les usines françaises.

4° Le prix de vente du fer-blanc sera fixé par le

Ministre de l'Armement, sur avis du Comité du fer-blanc.

Il sera établi chaque mois un prix unique pour le fer-blanc de toute origine.

La différence entre le prix moyen d'achat et le prix de vente, s'il y en a, sera versée au Trésor au titre des Recettes accidentelles du Trésor.

Il sera procédé à une liquidation mensuelle des comptes par les soins du Comptoir d'Exportation; ces comptes seront soumis à l'approbation du Ministre de l'Armement.

Albert THOMAS.

P. c. c.

EXBRAYAT.

XXXVIII

MINISTÈRE DE L'ARMEMENT
ET DES
FABRICATIONS DE GUERRE

—

N° 3573 B

—

RÉPUBLIQUE FRANÇAISE

—

Paris, le 4 mai 1917.

Le Ministère de l'Armement au Comptoir d'Exportation des Produits Métallurgiques, 7, rue Pillet-Will, Paris.

J'ai l'honneur de vous faire connaître que j'approuve la proposition du Comité du fer-blanc du 18 avril modifiant comme suit ma décision du 17 mars. N° 2417 1/M, paragraphe 4, dernier alinéa :

« Les versements au Trésor prévus à l'alinéa précédent pourront être faits successivement et par acomptes, lorsque le Comptoir aura reçu toutes les factures d'Angleterre, en particulier celles relatives aux transports, assurances, surestaries, rentrées de détaxe, etc.....

Il demeure entendu que le Comptoir continuera à faire des règlements mensuels avec les consommateurs et qu'il fournira mensuellement ses comptes au Comité. »

Veuillez agréer, Messieurs, l'expression de mes sentiments distingués.

Albert THOMAS.

XXXIX

MINISTÈRE DE L'ARMEMENT
ET DES
FABRICATIONS DE GUERRE

—

Magnésie d'Eubée

—

RÉPUBLIQUE FRANÇAISE

—

Paris, le 11 février 1917.

Monsieur le Président,

J'ai l'honneur de vous accuser réception de votre lettre AP n° 22/148 du 2 janvier 1917.

Vous avez bien voulu m'exposer la nouvelle formule que vous envisagez en vue de vous procurer les capitaux pour constituer en France un stock de magnésie suffisant pour assurer les besoins actuellement connus de la métallurgie française, du 1er janvier 1917 au 30 juin 1918, de manière à ne pas risquer de voir interrompues les livraisons de magnésie frittée que vous faites depuis un certain temps déjà aux sidérurgistes français.

Je viens, en retour, vous déclarer que je suis d'accord pour que vous recourriez aux banques françaises en vue de vous procurer ces fonds et il est entendu que vous porterez les charges de cet emprunt dans le prix de revient de la magnésie frittée ou crue que vous importez en France.

Les charges totales de l'emprunt, intérêt et frais de banque, ne pourront pas dépasser le taux de 7 pour 100. La quantité totale de magnésie à acquérir pour constituer le stock de 18 mois sera déterminée dans le plus bref délai par vos soins et arrêtée après accord formel avec mes services. Le montant maximum de l'emprunt pourra alors être précisé.

Les fournitures de magnésie frittée continueront à se faire suivant le mode actuel, c'est-à-dire :

Le Comité des Forges fournira aux sidérurgistes suivant leurs commandes fermes ou, dans la limite de ses ressources, aux autres Sociétés qui lui seraient désignées par mes services, la magnésie qui est frittée aux Établissements Pavin de Lafarge, au Teil (Ardèche). A cet effet, dans les derniers jours de chaque mois, le Comité des Forges adressera aux Établissements Pavin de Lafarge la liste des destinations sur lesquelles devront être faites les expéditions du mois suivant ; cette liste aura au préalable été soumise à l'approbation du Sous-Secrétariat d'État des Fabrications de guerre, Service des produits métallurgiques, Bureau des produits réfractaires.

Le Comité des Forges adressera, au début de chaque mois, aux sidérurgistes, facture pour la magnésie frittée qui leur sera fournie dans le cours du mois considéré. Le prix de facture sera établi approximativement de façon à couvrir largement les frais de fabrication, ainsi que les autres dépenses que le Comité des Forges aura été amené à faire pour les approvisionnements et le frittage de la magnésie. En fin d'année, lorsque le Comité des Forges connaîtra d'une façon exacte son prix de revient définitif, il sera procédé à une revision des sommes payées par les sidérurgistes, et la différence entre les sommes touchées de la clientèle et les dépenses réellement effectuées sera répartie entre les consommateurs qui se trouveront dès lors n'avoir versé que le prix de revient.

Vous m'avez exposé que le Comité des Forges qui s'engage, sauf cas de force majeure, à faire les achats de magnésie ci-dessus déterminés et à rétrocéder ce produit aux consommateurs sans prélever aucun bénéfice, comme expliqué ci-dessus, était exposé à supporter une perte si, en raison de circonstances particulières, la consommation venait à diminuer sensiblement par suite du ralentissement des fabrications. D'autre part, à la fin des hostilités, vous pourrez encore vous trouver en possession d'un stock de magnésie considérable, alors que les prix de cette matière pourraient fléchir sensiblement. A ce moment d'ailleurs, si les marchés que vous aurez passés avec les producteurs ne sont pas encore complètement terminés, il serait peut-être intéressant d'envisager l'hypothèse d'une résiliation plutôt que la continuation des expéditions.

Vous m'avez demandé en conséquence que l'État accepte de prendre éventuellement à sa charge toute indemnité ou toute perte que votre Comité serait amené à subir.

J'ai l'honneur de vous donner sur ce point mon accord sous réserve des précisions suivantes :

1° La perte éventuelle dont l'Administration de la Guerre aurait à vous tenir compte serait uniquement celle qui serait la conséquence :

Soit du ralentissement ou de la cessation des fabrications en France ;

Soit des défaillances d'un des fournisseurs de la Guerre auquel vous livrez de la magnésie;

Soit d'un événement de force majeure;

Soit de la cessation des hostilités.

2° Il est bien entendu que vous auriez à vous entendre avec mon Administration pour fixer l'importance et la date des livraisons des commandes de magnésie à passer avec les producteurs;

3° En cas de cessation des hostilités, vous auriez également à vous entendre avec mes services sur le point de savoir s'il convient que vous preniez livraison de la magnésie restant à fournir sur les marchés que vous auriez conclus et que vous l'écouliez sur le marché français dans des conditions à déterminer ou s'il convient au contraire que vous traitiez avec les fournisseurs étrangers en vue de la résiliation des dits marchés.

Il est bien entendu que les dispositions de la présente lettre s'appliquent à la magnésie quel que soit son état, c'est-à-dire qu'elle soit crue, frittée ou briquetée.

Je vous prie de vouloir bien me donner par écrit votre adhésion formelle aux stipulations qui précèdent et qui deviendront dès lors exécutoires.

Albert Thomas.

Monsieur le Président du Comité des Forges de France, Paris.

XL

COMITÉ DES FORGES DE FRANCE
—
*Centralisation des achats
de produits réfractaires anglais*
—

Paris, le 10 mars 1916.

Monsieur le Ministre,

Nous avons l'honneur de vous accuser réception de votre lettre du 6 mars n° 18 592 -I/M, par laquelle vous nous demandez de bien vouloir étudier la possibilité de centraliser les besoins des usines françaises en produits réfractaires anglais.

Nous avons mis cette question à l'étude dès réception de votre lettre et nous pouvons vous dire que, en ce qui concerne les briques de magnésie, elle est déjà résolue.

Un accord est en effet intervenu entre les usines sidérurgiques pour acquérir en commun le tonnage de ces briques qui pourrait être disponible en Angleterre et dont l'acquisition serait reconnue nécessaire : les quantités de briques qui resteraient disponibles sur les tonnages dont l'Angleterre a autorisé la sortie de mars à juin 1916 et les quantités que le Gouvernement anglais a fait proposer aux sidérurgistes français, et qui seront fabriquées par l'Eglinton Silica Bricks C° de Glasgow, rentreront dans cette entente et seront attribuées aux usines sidérurgiques au fur et à mesure de leurs besoins, après accord avec le Sous-Secrétariat des Munitions.

Nous allons suivre immédiatement la question pour les autres produits réfractaires et nous pensons pouvoir vous annoncer à bref délai qu'elle a abouti dans des conditions favorables.

Veuillez agréer, Monsieur le Ministre, l'assurance de notre haute considération.

Le Secrétaire Général,

R. PINOT.

Monsieur le Sous-Secrétaire d'État de l'Artillerie et des Munitions, Paris.

XLI

MINISTÈRE DE L'ARMEMENT
ET DES
FABRICATIONS DE GUERRE

Paris, le 26 mai 1917.

—

Sous-Secrétariat d'État
des Fabrications de Guerre

—

ervice des Produits métallurgiques

—

atières premières d'origine grecque

—

*Le Sous-Secrétaire d'État des Fabrications de Guerre à
Monsieur le Secrétaire Général du Comité des Forges
de France, Paris.*

Monsieur le Secrétaire Général,

Les disponibilités de fret pour transporter en
France les matières premières d'origine grecque de-,
venant de plus en plus réduites, j'ai pris la décision
de contrôler les importations de minerai de chrôme
grec employé comme produit réfractaire et de les
réduire autant que les besoins de la fabrication le
permettront.

Il est donc nécessaire d'établir une centralisation
de ces importations et je viens vous demander, étant
donné les bons résultats que vous avez obtenus en
ce qui concerne les approvisionnements de la France
en carbonate de magnésie, de vouloir bien accepter
une mission analogue touchant les minerais de
chrôme pour usage de produits réfractaires.

Votre Comité serait donc seul autorisé à demander
au Service de la Marine française de transporter le
minerai de chrôme d'origine grecque et vous auriez

à vous occuper, sous le contrôle de mes services, de répartir entre les divers consommateurs les tonnages amenés en France.

Vous auriez donc à recevoir toutes les demandes de transport de minerais de chrôme pour usage de produits réfractaires, à les soumettre à mes services et à faire les démarches nécessaires au Ministère de la Marine. D'autre part, vous auriez à établir un projet de répartition des tonnages importés et à soumettre à mes services ce projet qui sera arrêté définitivement par leurs soins.

Par conséquent, aucun transport de minerai de chrôme de Grèce ne pourra être fait sans votre visa contresigné par mes services et aucun tonnage de ce minerai ne pourra être expédié à une usine sidérurgique sans votre visa également contresigné par mes services.

Je vous prie, d'autre part, de vouloir bien examiner dans quelles conditions il serait possible de constituer en France un approvisionnement de minerai de chrôme destiné à couvrir les besoins des usines sidérurgiques jusqu'au 30 juin 1918 ainsi que vous le faites présentement pour le carbonate de magnésie, sur ma demande.

Je serai de mon côté disposé à étudier l'éventualité de vous donner le même appui et les mêmes avantages que pour le carbonate de magnésie.

Je vous serais obligé de me faire connaître votre décision et je vous prie d'agréer, Monsieur le Secrétaire Général, l'assurance de ma considération distinguée.

LOUCHEUR.

XLII

MINISTÈRE DE L'ARMEMENT
ET DES
FABRICATIONS DE GUERRE

Sous-Secrétariat d'État
des Fabrications de Guerre

Service des Produits métallurgiques

Minerai de Manganèse de Vani Milo

Paris, le 12 août 1917.

Le Sous-Secrétaire d'État des Fabrications de Guerre à Monsieur le Secrétaire Général du Comité des Forges de France, Paris.

Monsieur le Secrétaire Général,

Comme suite aux différents entretiens que j'ai eus avec vos services, j'ai l'honneur de vous demander de vouloir bien constituer un groupement de consommateurs de minerais de manganèse de Vani Milo dans les conditions qui suivent :

Ce groupement achèterait les minerais fob; le Comité des Forges ferait les démarches nécessaires au sujet de la fixation du fret et du transport de minerais; à cet effet, il s'entendrait avec le Ministère de la Marine, État-Major général, 2ᵉ Section.

J'ai appelé l'attention du Ministre de la Marine par lettre de ce jour sur l'intérêt qu'il y aurait — pour rendre utilisable ce minerai pauvre — à ce que le prix du fret fût fixé aux alentours de 15 francs — le minerai ne pouvant comporter de prix de fret aussi élevé que le carbonate de magnésie.

Dès le départ d'un bateau, le Comité des Forges de France établirait un projet de répartition du tonnage entre les divers adhérents du groupe des métallurgistes acheteurs.

Cette répartition serait soumise à mes services, qui, s'il y avait lieu, la modifieraient en tant que destinataires et tonnages alloués, en tenant compte des arrivages de manganèse des Indes ou autres, des stocks en usines et des besoins des consommateurs.

Le Comité des Forges de France assurera l'exécution de la répartition fixée par les services du Sous-Secrétariat d'État des Fabrications de guerre.

Je vous serais obligé de vouloir bien me dire d'accord.

Veuillez agréer, Monsieur le Secrétaire Général, l'expression de mes remerciements pour le concours nouveau que vous voulez bien m'apporter, et celle de mes sentiments les plus distingués.

LOUCHEUR.

XLIII

MINISTÈRE DE LA GUERRE   RÉPUBLIQUE FRANÇAISE

—

Cabinet du Sous-Secrétaire d'État

—

Artillerie   Paris, le 5 août 1915.

—

Monsieur le Secrétaire Général,

J'ai reçu récemment de Monsieur le Gouverneur Militaire de Paris la lettre par laquelle vous lui demandiez d'être relevé du soin de répartir entre les industriels les hommes présents au dépôt des métallurgistes du 19ᵉ escadron du train.

J'ai l'honneur de vous faire savoir que je suis d'accord avec vous pour penser que la création du service d'embauchage, organisé sous la direction du commandant Delavallée, implique que l'autorité militaire reprenne en main la fonction dont vous aviez bien voulu vous charger temporairement.

Je sais, d'ailleurs, que je pourrai toujours, le cas échéant, compter, dans ce domaine, comme dans tous les autres, sur votre dévouée collaboration et, avec mes remerciements pour le concours que me prête, en toutes circonstances, le Comité des Forges, je vous présente, Monsieur le Secrétaire Général, l'expression de mes sentiments les plus distingués.

Albert THOMAS.

Monsieur le Secrétaire Général du Comité des Forges de France, Paris.

———

XLIV

Liste des membres du « Groupement des constructeurs français d'armes portatives ».

Société des Ateliers Bariquand et Marre, 127, rue Oberkampf, Paris.

Automobiles Unic, 1, quai National, Puteaux.

Compagnie Fr. des procédés Thomson-Houston, 10, rue de Londres, Paris.

MM. Darracq et Cie, 33, quai du Général Galliéni, Suresnes.

Automobiles Renault, 15, rue Gustave Sandoz, Billancourt.

Établissements Panhard et Levassor, 19, avenue d'Ivry, Paris.

M. Clément-Bayard, 55, quai Michelet, Levallois.

Établissements J. Johnson, rue Jules Ferry, La Courneuve.

Établissements Chenard et Walcker, rue du Moulin de la Tour, Gennevilliers.

Établissements de Dion-Bouton, 36, quai National, Puteaux.

Société des Automobiles Delahaye, 10, rue du Banquier, Paris.

Établissements Malicet et Blin, 105, avenue de la République, Aubervilliers.

M. R. Cornely, 87, faubourg Saint-Denis, Paris.

Établissements Gaumont, 12, rue Carducci, Paris.

Société Lorraine des anciens Établissements de Diétrich et Cⁱᵉ, route de Bezons, Argenteuil.

Établissements Chambon, 70, rue de Crimée, Paris.

Automobiles Brasier, 2, rue Galilée, Ivry.

MM. L. Delage et Cⁱᵉ, 158, boulevard de Courbevoie, Courbevoie.

Établissements Pathé, 30, boulevard des Italiens, Paris.

Automobiles Peugeot, 71, avenue de la Grande-Armée, Paris.

XLV

Journal Officiel du 18 décembre 1918.

Le Ministre de la Reconstitution Industrielle a décidé, en accord avec les producteurs et les principaux syndicats consommateurs, que les restrictions et formalités pour les commandes d'acier aux usines françaises cesseraient à partir de ce jour. La production est, en effet, considérée maintenant comme en état de faire face à la consommation.

Une priorité de livraison continuera à être réservée aux fournitures d'acier destinées à la remise en état des régions libérées.

Grâce aux mesures récemment prises pour la baisse du coût du charbon, des prix limites ont pu être fixés pour l'acier.

Le prix de base pour les aciers dits marchands sera de 60 fr. les 100 kilogs sur wagon-usines, ce qui constitue une baisse d'environ 35 pour 100 par rapport aux prix pratiqués antérieurement.

Le coût de la fonte sera diminué dans les mêmes proportions. Pour la fonte hématite, par exemple, le prix qui était de 455 fr. sera ramené à 320 fr. environ.

Cette baisse, ainsi que la suppression de toute formalité pour les commandes à passer dans les usines existant en France par les consommateurs, facilitera la reprise rapide de la vie économique.

Les tarifs de détail seront publiés incessamment.

Les prix qu'ils comporteront seront valables pour les commandes passées à partir du 11 novembre 1918, et seront maintenus en vigueur jusqu'au 31 mars 1919.

On ne peut s'attendre à aucune baisse nouvelle avant cette date.

Nous répétons que toutes les formalités sont supprimées pour les commandes d'acier à passer par les consommateurs aux producteurs en France : les visas précédemment requis deviennent donc inutiles.

En ce qui concerne la fonte, le Comptoir de répartition des fontes est provisoirement maintenu.

XLVI

COMITÉ DES FORGES
        DE FRANCE   Paris, 7, rue de Madrid,
        —   le 21 décembre 1918.

Monsieur le Ministre,

Vous avez bien voulu, dans l'entrevue que les représentants de notre Comité ont eu l'honneur d'avoir avec vous le 13 décembre 1918, nous faire les déclarations suivantes que nous nous permettons de vous rappeler pour vous demander si nous avons compris et retenu votre pensée.

I. — Le Gouvernement, désirant voir le pays reprendre le plus tôt possible son activité industrielle du temps de paix, estime qu'il est indispensable de voir baisser rapidement et dans une proportion notable le prix des matières premières; pour les produits métallurgiques, en particulier, il considère qu'une baisse d'environ 35 pour 100 est nécessaire.

II. — Le Gouvernement, se rendant compte que l'industrie métallurgique française n'est pas, dans les circonstances actuelles, en état d'assurer, par sa seule volonté, une pareille baisse, par suite :

a) De la destruction des plus importantes de ses usines du Nord et de l'Est qui réalisaient, par leur situation sur le minerai ou sur la houille et leur outillage, les prix de revient les plus bas;

b) De l'élévation factice et excessive des prix de leurs matières premières, et, en particulier, des prix du charbon et du coke;

c) De la crise sans cesse croissante des transports

qui paralyse, quand elle n'arrête pas, la marche normale des usines;

a décidé d'aider l'industrie métallurgique par les moyens suivants :

1° Réduction immédiate des prix du coke et du charbon qui, pour de la fonte à 320 francs et des aciers marchands à 60 francs, seraient fixés à 65 francs et 110 francs (port et carreau de la mine); étant entendu que votre Ministère assurerait, pour tous les produits métallurgiques fabriqués à partir du 11 novembre 1918, les ristournes sur les prix du charbon et du coke effectivement payés par les usines, pour les ramener aux prix ci-dessus fixés;

2° Attribution, en dehors des primes de qualité et de provenance visées dans les statuts du « Comptoir Sidérurgique Français » et payées par les destinataires, d'allocations spéciales versées par le Gouvernement aux usines qui établiraient que leurs prix de vente, en dehors des charges d'un outillage notoirement défectueux, ne peuvent être ramenés à ceux que vous avez indiqués, par suite de circonstances indépendantes de leur volonté;

3° Comme mesure transitoire pour assurer dès maintenant la pratique des prix que vous indiquez, prise en charge par le Gouvernement des 8/10 des pertes sur stocks pour les approvisionnements et pour les produits fabriqués ou en cours d'élaboration avant le 11 novembre 1918;

4° Comme contre-partie de la fixation par le Gouvernement de prix limites, et comme mesure de sauvegarde de nos industries détruites ou désorganisées dans les régions du Nord et de l'Est, détournées de leurs fabrications normales ou surchargées par des faits indépendants de leur volonté dans les autres régions, maintien par le Gouvernement du régime de restrictions des importations des produits métallurgiques et prise en charge de ces produits réquisitionnés en Lorraine désannexée et dans les régions de la rive gauche du Rhin, de façon à ne pas les laisser arriver sur le marché français dans des conditions qui ruineraient nos industries.

Vous avez bien voulu ajouter que vous comptiez, en réquisitionnant les produits métallurgiques des usines allemandes de la Lorraine et de la rive gauche du Rhin, trouver les ressources matérielles pour fournir aux usines des régions dévastées les moyens de reprendre leur activité commerciale et les fonds nécessaires pour payer aux intéressés les allocations et les dépréciations sur stocks prévues aux paragraphes 1 et 3 ci-dessus.

Tels sont, Monsieur le Ministre, si nous les avons bien retenus, votre pensée et vos projets.

Nous les avons communiqués à notre Commission de Direction qui, après en avoir délibéré, et après avoir affirmé une fois de plus la conviction où elle est de la nécessité qu'il y a pour le pays de voir les prix du métal s'abaisser rapidement et d'une façon importante, m'a chargé de vous donner notre adhésion sur ces bases et d'être son interprète auprès de vous pour vous remercier du bienveillant intérêt que vous voulez bien témoigner à notre industrie.

Vous avez pu constater par vous-même combien nos plus belles usines ont été dévastées par l'ennemi, et vous savez que celles-là même, qui ont eu le très grand honneur de travailler depuis quatre ans pour la Défense Nationale, se trouvent désavantagées au point de vue de leurs prix de revient, soit par leur situation, soit par leurs conditions actuelles d'exploitation.

Aussi comprendrez-vous que celles de nos Sociétés qui seront appelées à bénéficier des allocations que vous comptez leur attribuer pour leur permettre de vendre, malgré leurs prix de revient, le métal au prix que vous nous avez indiqué, désireraient être fixées sur le *modus procedendi* que vous comptez employer pour déterminer, d'accord avec elles, le montant de ces allocations; tant qu'elles seront dans l'ignorance de la façon dont cette question sera résolue, vous comprendrez combien il leur est difficile, pour ne pas dire impossible, d'accepter des ordres de la clientèle.

Veuillez agréer, Monsieur le Ministre, les assu. rances de notre haute considération.

Le Président,

F. de WENDEL.

Monsieur LOUCHEUR, Ministre de la Reconstitution Industrielle.

XLVII

MINISTÈRE
DE LA
RECONSTITUTION INDUSTRIELLE
—

RÉPUBLIQUE FRANÇAISE
—

Paris, le 1ʳ janvier 1919.

*Le Ministre de la Reconstitution Industrielle
au Comité des Forges de France.*

Messieurs,

J'ai l'honneur de vous accuser réception de votre lettre du 21 décembre 1918, relative au régime de vente des produits sidérurgiques.

Je prends acte de votre adhésion de principe aux méthodes que nous avons étudiées en commun pour éviter les à-coups nuisibles dans le passage du régime de guerre strictement contrôlé au régime de paix complètement libre pour les fabrications sidérurgiques.

En ce qui concerne la question que pose le dernier paragraphe de votre lettre, je vous confirme les indications que j'ai déjà eu l'occasion de vous fournir de vive voix à plusieurs reprises.

Pour permettre à mes Services de préciser les allocations dont pourront bénéficier certaines Sociétés défavorisées par les circonstances actuelles, il importe que les Sociétés intéressées me fassent parvenir, le plus tôt possible, *sous votre couvert*, toutes les indications utiles pour mettre en lumière l'augmentation du prix de revient de leurs fabrications entraînée par les conditions d'exploitation actuelles. Au moyen de ces indications, mes Services me proposeront le taux des allocations éventuelles à appliquer.

Dans le cas où les conclusions de mes Services ne rencontreraient pas l'approbation des intéressés et où ces derniers ne parviendraient pas à se mettre d'accord avec mes représentants, les cas litigieux seraient soumis à une Commission spéciale de cinq membres que je réunirais à cet effet.

Cette Commission comportera deux membres industriels désignés par le Comité des Forges, par exemple, deux fonctionnaires de son administration et un industriel des industries de la construction.

Pour me permettre d'examiner à l'avance les grandes lignes de l'opération dans leur ensemble, vous voudrez bien également me faire parvenir les indications suivantes :

Liste des industriels que l'on peut considérer a priori comme devant bénéficier d'allocations spéciales;

Tonnage approximatif des produits auxquels devront s'appliquer ces allocations.

Veuillez agréer, Messieurs, l'assurance de ma considération distinguée.

Le Ministre de la Reconstitution industrielle,

LOUCHEUR.

TABLE DES MATIÈRES

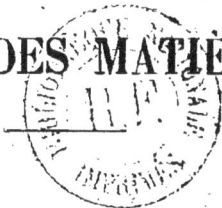

R. PINOT. — Comité des Forges.   22

CHAPITRE III

LA MÉTALLURGIE PENDANT LA GUERRE

La situation dans laquelle la mobilisation et l'issue des premières batailles mirent l'Industrie Métallurgique. — Réduction considérable des moyens de production. — Le Gouvernement fait appel au Comité [des Forges. —

CHAPITRE IV

LES MISSIONS DONNÉES AU COMITÉ DES FORGES PAR LE MINISTÈRE DE L'ARMEMENT PENDANT LA GUERRE

1º *Fontes*. — Le Gouvernement britannique établit au début de 1916 un contrôle sur les exportations. — Négociations entre les Gouvernements français et britannique. — Le Comité des Forges est chargé de centraliser tous les achats de fonte hématite. — Cette mission est étendue à toutes les fontes anglaises. — Comment se faisait la répartition

CHAPITRE V

LES CONCOURS SPONTANÉS APPORTÉS
PAR LE COMITÉ DES FORGES A LA DÉFENSE NATIONALE

La situation en août 1914. — Nos approvisionnements en munitions et matériel d'artillerie. — Tout le monde prévoyait une guerre de courte durée. — Marchés de mobilisation. — Le personnel des Usines et des Établissements d'Artillerie avait rejoint les formations militaires. — Le problème qui se posa au Ministère de la Guerre. — La réunion tenue le 20 septembre 1914 au Ministère de la Guerre à Bordeaux. — Le programme des 100 000 obus de 75 par jour. — Remise en marche des usines métallurgiques. — Appel au concours des industries de la construction mécanique. — Constitution de groupes. — Le problème de la main-d'œuvre. — Le Comité des Forges crée un service de la recherche du personnel pour les usines. — Le problème de la fabrication des obus de 75. — Moyens de fortune qui furent d'abord employés. — Les obus de gros calibres. — Les obus en fonte aciérée. — Le matériel d'artillerie. — La question des

CHAPITRE VI

LA MÉTALLURGIE APRÈS L'ARMISTICE

APPENDICE

83233. — Imprimerie LAHURE, rue de Fleurus, 9, à Paris.

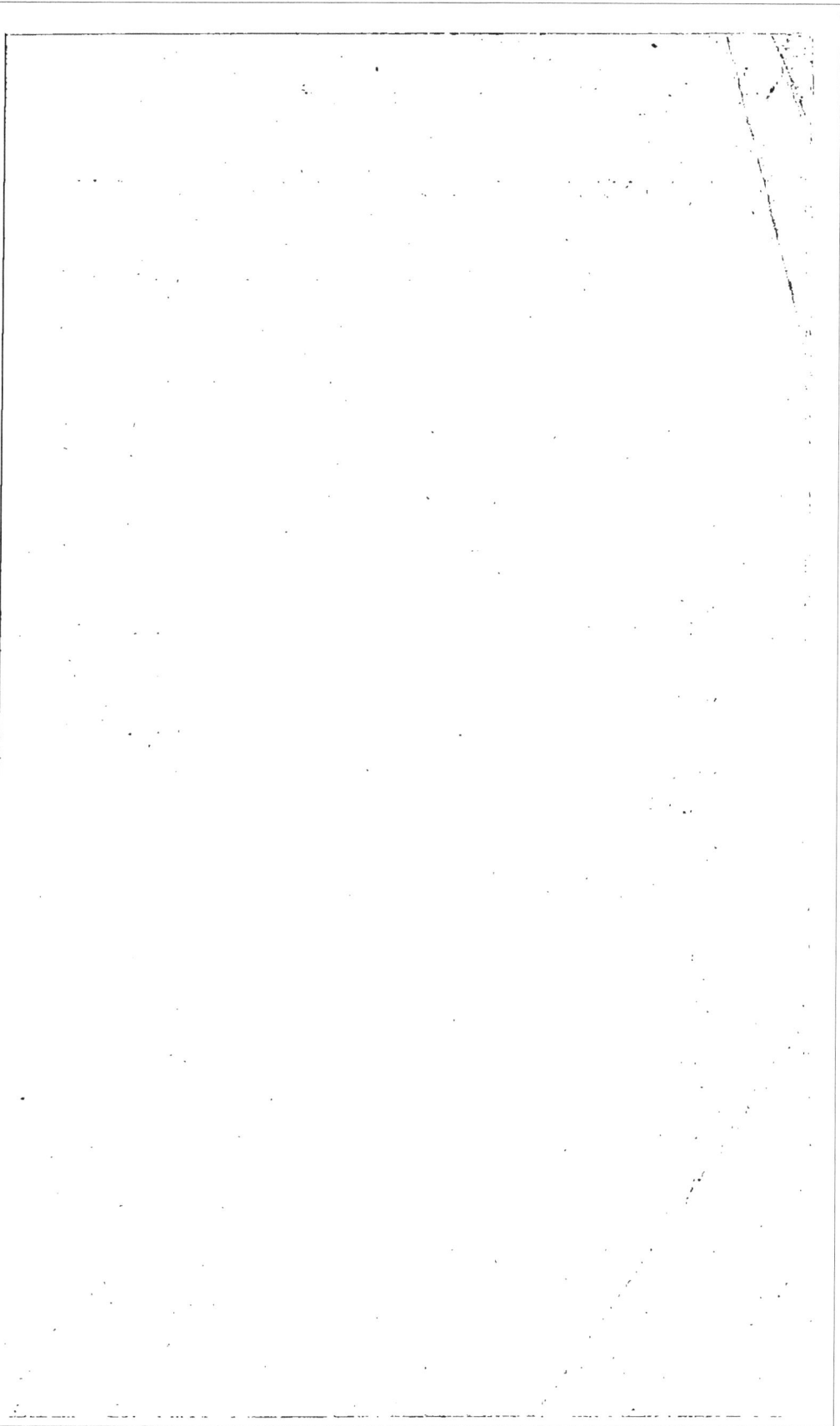

L'Alsace *sous la domination allemande*, par Frédéric Eccard. Un volume in-18, broché . . . . **4 »**

La France de l'Est (*Lorraine-Alsace*), par P. Vidal de la Blache. Un volume in-8° (16×25), 3 cartes *hors texte*, un index, broché . . . . **10 »**

David Lloyd George: *Étude biographique*, par Harold Spender. Traduction de Robert L. Cru. Un vol. in-18, br. **4 »**

Le Président Wilson et *l'Évolution de la politique étrangère des États-Unis*, par Sir Thomas Barclay. Préface de Paul Painlevé. Un volume in-18, broché **3 50**

Les Méthodes allemandes d'Expansion économique, par Henri Hauser. Un volume in-18, broché **3 50**
Ouvrage couronné par l'Académie des Sciences morales et politiques.

"L'Éternelle Allemagne", par Victor Bérard. Un volume in-18, broché. . . . . **4 »**

L'Europe court-elle à sa ruine? par Alfred de Tarde. Un brochure in-18 . . . . **1 25**

La plus grande France: *La tâche prochaine*, par Probus. Un volume in-18, broché . . . . **3 »**

Nos Finances pendant la Guerre, par Georges Lachapelle. Un volume in-18, broché **3 50**

La formation des Ingénieurs à *l'Étranger et en France*: Nos Instituts, nos Grandes Ecoles, par Max Leclerc. Un volume in-18, broché. . . . . **2 »**

La Pologne inconnue: *Pages d'histoire et d'actualité*, par K. Waliszewski. Un volume in-18, broché. **3 50**

Les Origines de la Guerre européenne, par Auguste Gauvain. Un volume in-18, broché **3 50**
Ouvrage couronné par l'Académie française.

L'Europe avant la Guerre, par Auguste Gauvain. Un volume in-18, broché. **3 50**

5976. — Paris. — Imp. Hemmerlé et Cⁱᵉ. 7-19. N° 1

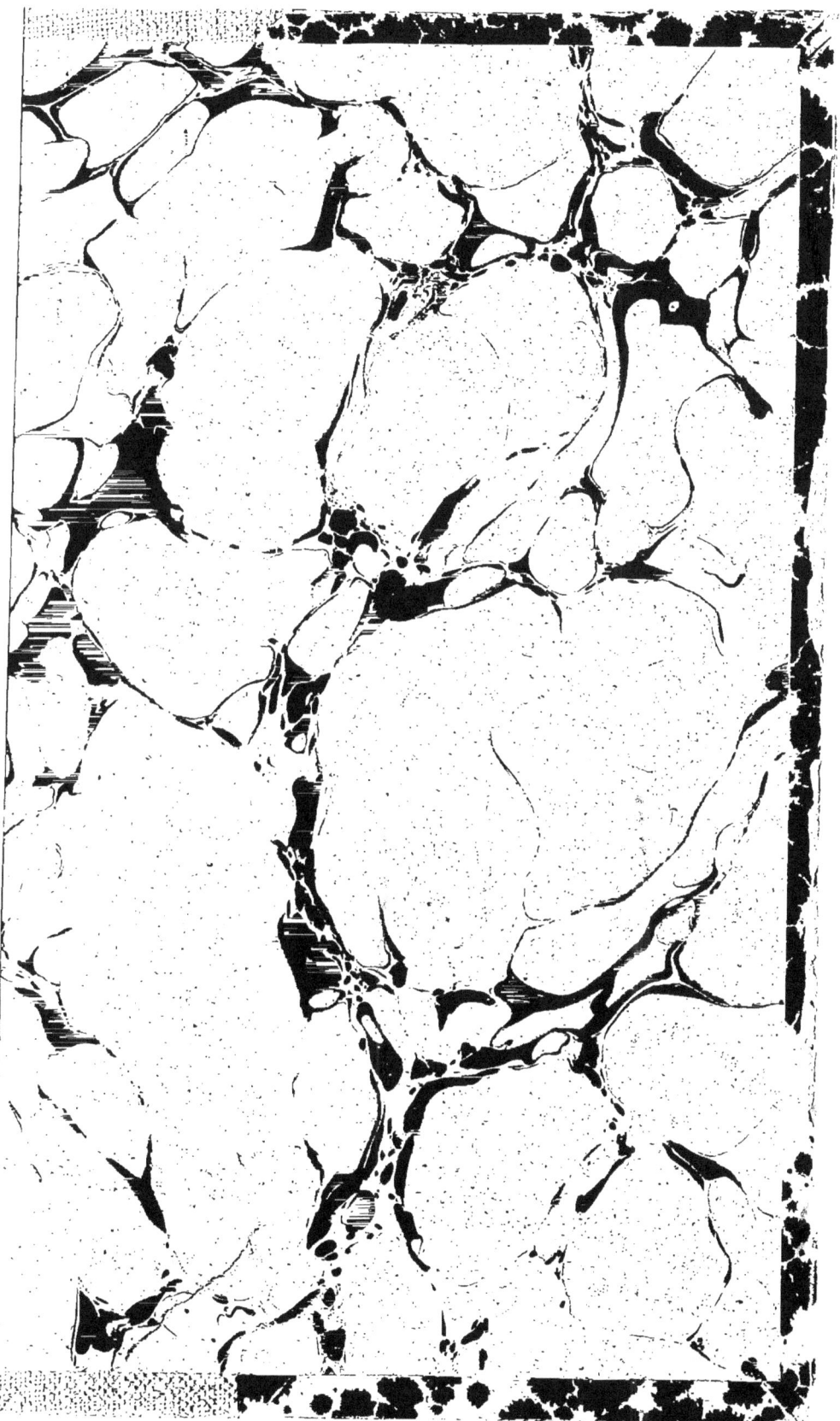

www.ingramcontent.com/pod-product-compliance
Lightning Source LLC
Chambersburg PA
CBHW061118220326

41599CB00024B/4080